「なぜ・どうして」から
はじめる物理学

藤田 貢崇 著

培風館

本書の無断複写は，著作権法上での例外を除き，禁じられています。
本書を複写される場合は，その都度当社の許諾を得てください。

はじめに

　本書は，理系科目を専門としない学生のみなさんや，物理学を学んでみたいと感じている多くのみなさんを読者に想定して執筆したものである。「物理を一度も学んだことがない」という人ももちろん含まれている。物理に興味をもった人々が読み進められるような話題をとり上げた。

　高等学校では，それまで理科と呼ばれた科目は，物理・化学・生物・地学という領域に分けられ，それぞれ専門的な内容が展開されている。これらの4領域のなかでも，物理学は幅広い自然界の法則性を理論的に考える分野である。科学の世界では法則性を数式で表すことになっており，別の言い方をすれば，科学者は法則を数式で表すことに慣れている。

　しかし，理系科目を専門としない方々は，この数式を理解することに慣れていない場合があり，数式に慣れることそのもののハードルが高かったりする。そうなると，物理学に寄せる関心も薄れてしまうかもしれない。本書はそういうことにならないように留意した。章のタイトルは「なぜ」あるいは「どうして」などの疑問を掲げており，その章を読み進めれば答えを見つけられるように構成している。その間，読者の興味を引くような自然現象を解説し，無理なく最後まで読み終えることができるようにしたつもりである。

　目次にあるとおり，本書が扱う範囲は幅広く，高校での物理学の領域にあてはまらないと感じるかもしれない。どんな学問も同様だが，高校理科の4つの領域に明確な区別をつけられるわけではなく，自然現象は複合的なものである。特に物理学は，宇宙を対象とする宇宙物理学から，物質の最小の単位を探る素粒子物理学まで，あらゆる自然現象を対象としている。本書で，あらゆる自然現象を論理的に捉えるという物理学の考え方に触れ，自然科学への興味をより深めてほしいと願っている。

　現代社会はSDGsに見られるように，積極的な科学の活用が不可欠であるが，科学は万能ではない。また，最終章に示したとおり，科学だけでは解決できない問題も山積している。物理学は人間社会とは正反対の位置にあると思われがちだが，人間が科学を活用して変えてしまった世界の行く末を論理的に説明するのも物理学である。現代社会に生きる多くの人々が物理学に触れる意味は，現代社会が抱える諸問題を解決するための方策を，より論理的に考えるようになることかもしれない。

本書で述べていることは，いずれも基本的な内容である。より進んだ知識を得たいと考える読者のために，参考となる書籍やインターネットの情報源も用意した。また，章末には理解を深めるための問題を用意している。回答する上で，自らいろいろな情報源に当たり，新たな知識を得ながら回答するような内容にしている。読者自身の工夫によって，より理解を深めるために活用してほしいと願う。

　2024 年 9 月

藤 田 貢 崇

目　　次

1. なぜ地震が起こるのか？ ——————————— 1

1.1　地球の構造　1

1.2　プレートテクトニクス・活断層　2

1.3　津　　波　10

　　　1章　演習問題　11

2. なぜ天気は変わるのか？ ——————————— 13

2.1　天気，天候，気候は違うのか？　13

2.2　雲 と 雨　14

2.3　大気の鉛直方向のつくり　16

2.4　大気の水平方向のつくり　17

2.5　海洋は気象にどのように影響しているか　19

2.6　気象予報はどのように行われるのか？　24

　　　2章　演習問題　26

3. なぜ太陽は輝くのか？ ——————————— 27

3.1　太陽のエネルギー源を探る　27

3.2　太陽からやってくるもの　28

3.3　太陽の中心部で起こっていること　31

3.4　恒星の一生　32

　　　3章　演習問題　40

4. なぜ空と海は青いのか？ ——————————— 41

4.1　ものに色がついて見えるわけは？　41

4.2　色は温度にも関係する？　　43

4.3　空はなぜ青いのか？　　44

4.4　海はなぜ青いのか？　　46

4 章　演習問題　　49

5. 地球や月はどのように形成されたのか？ ——— 51

5.1　太陽系形成のしくみ　　51

5.2　太陽系の惑星　　54

5.3　太陽系のそのほかの天体　　60

5 章　演習問題　　62

6. 宇宙にはどんな天体が存在するのだろうか？ ——— 63

6.1　宇宙空間は「なにもない」か？　　63

6.2　高密度天体の役割　　65

6 章　演習問題　　71

7. 宇宙はどのような構造をしているのだろうか？ ——— 73

7.1　銀河とはなにか？　　73

7.2　銀河団・超銀河団の構造　　78

7.3　宇宙の大規模構造　　81

7 章　演習問題　　82

8. どうして夜空は暗いのだろう？ ——— 85

8.1　宇宙観の歴史　　85

8.2　18 世紀までの宇宙　　86

8.3　銀河系の外にも銀河がある？　　87

8.4　遠ざかる銀河　　88

8.5　宇宙が暗いわけ　　93

8 章　演習問題　　95

9. 宇宙をどうやって観測しているのだろうか？ ——— 97

9.1　人類史上最高の成果を収めたハッブル宇宙望遠鏡　97
9.2　ハッブル宇宙望遠鏡の後継に相当するものはあるか？　99
9.3　人類が最も遠くに飛ばした探査機はなんだろう？　101
9.4　気軽に天体を観測する方法はないのか？　103
9.5　宇宙開発に問題はないのだろうか？　104
　　　9章　演習問題　105

10. 宇宙で物質はどのように生じたのだろうか？ ——— 107

10.1　エネルギーと質量　107
10.2　素粒子の概説　113
10.3　元素はどのように合成されたのか　116
　　　10章　演習問題　118

11. 私たちの身の回りの物質は何に由来するのか？ —— 119

11.1　宇宙で最初の星はいつできた？　119
11.2　超新星爆発での元素合成　124
11.3　原子の構造　125
　　　11章　演習問題　130

12. 極微の世界と日常の世界に違いはあるのだろうか？

————————————————————————131

12.1　標準モデル　131
12.2　「もの」の正体はなにか　132
12.3　相互作用をもたらす素粒子　134
12.4　日常生活ではありえないミクロの世界の振る舞い　138
　　　12章　演習問題　141

13. 宇宙はこれからどうなるのだろうか？ ——— 143

13.1 天体までの距離を測る　143

13.2 加速する宇宙膨張　146

13.3 この先宇宙はどうなるか？　149

13章　演習問題　151

14. 生命はどのように生まれたのか？ ——— 153

14.1 生命とは何か？　153

14.2 生命体の基本であるタンパク質　154

14.3 生物の分類　154

14.4 地球環境と生物の進化　155

14.5 生命は地球以外にも存在するのだろうか？　162

14章　演習問題　164

15. 私たちはどのように生きていくべきか？ ——— 165

15.1 地球の環境変化は温暖化のせいなのか？　165

15.2 エネルギー源としての原子力の位置付け　170

15.3 再生可能エネルギーの活用　173

15.4 科学技術とリスク　174

15章　演習問題　174

参 考 資 料 ——————————————— 175

お わ り に ——————————————— 177

索　　引 ——————————————— 179

1. なぜ地震が起こるのか？

世界的にも地震が多い場所と言われる日本列島。小規模なものから大規模なものまで，地震はどうして起こるのだろうか。地震が生じるメカニズムを知るために，まずは地球がどのような構造をしているのかを理解しよう。また，地震の発生に伴って津波が生じることがある。大きな被害をもたらすこともある津波とはどのような現象なのかを理解しよう。

1.1 地球の構造

地震は地球内部の岩石が破壊されたときに生じた地震波が伝わる現象である。つまり，地球内部に地震の発生した場所が存在するはずである。まずは地球内部がどのような構造になっているのかを理解しよう。

半径約 6,400 km の地球は外側から，**地殻・マントル・外核・内核**からなる層状構造をとっており，それぞれの厚さや特性，つくり上げている物質に違いがある（図 1.1）。かつて太陽系が形成された初期の過程で，小さな天体が互いに衝突しあってやがて原始惑星の大きさになったと考えられている。このとき，衝突前の小天体の運動エネルギーが熱エネルギーに変わるため，地球を含む岩石型惑星では惑星の大部分が融解し，惑星をつくっている物質が流動しやすい

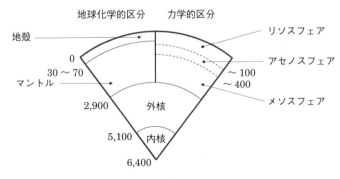

図 1.1　地球の内部構造
化学的な特性で区分したマントルと地殻は，力学的な特性からはリソスフェア，アセノスフェア，メソスフェアに区分できる。数字は地表からのおおよその深さ(km)を示す。

状態だったはずである．そのような状態では，金属などの密度の大きな物質は沈んで核を形成し，密度の小さな物質は惑星表面で地殻を形成した．このように，均質だったものが密度の違いによって異なる部分に分かれていくことを**分化**という．地球は次に示すように大きく4つの領域からなる．

- **地　殻**：地球の表面を覆っている構造で，主成分はケイ酸塩鉱物[1]である．同じ地殻でも，大陸部分の大陸地殻（厚さ 30〜70 km）と海洋部分の海洋地殻（厚さ 5〜10 km）とに分けられる．
- **マントル**：地殻の下から約 2,900 km の深さまでの領域で，地震波の伝わる速度の違いから，深さ 660 km を境に上部マントルと下部マントルに分けられる．これらは，マントルを構成している物質の結晶構造が大きく変化するからだと考えられている．このマントルは固体ではあるが，非常にゆっくりと移動する流動体となっていて，対流運動をしている．
- **外　核**：マントルのさらに内側で，深さ 5,100 km までの領域を外核といい，基本的には鉄を主成分とした液体で，他にニッケルや水素，炭素，酸素なども混じっている．磁性をもつ鉄が液体となって存在しているために，地球の地磁気が反転すると考えられている．
- **内　核**：地球の最も内側で，外核の成分が固体になっている．非常に高い圧力のために鉄は六方最密充填構造の結晶（図 1.2）となっていることが推測されている．

[1] 1個のケイ素（Si）と4個の酸素（O）が正四面体に囲んでいる基本構造（SiO_4^{4-}）をもつ鉱物で，これに金属の陰イオンが結びついて多様な鉱物を形成する．

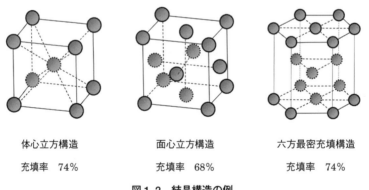

体心立方構造　　　　　面心立方構造　　　　六方最密充填構造
充填率　74%　　　　　充填率　68%　　　　　充填率　74%

図 1.2　結晶構造の例
結晶中で原子がどのような構造をとるかで，結晶格子にどれだけ充填されるかが異なる．

1.2　プレートテクトニクス・活断層

1.2.1　プレートテクトニクス

地球は地殻に覆われていることを説明したが，この地殻は不動で巨大な一枚の岩盤ではない．大昔の大陸が現在とは違った形と位置であったことは，よく知られていることである．

水星や火星，地球の月など，体積に比べて表面積が比較的小さければ，太陽

1.2 プレートテクトニクス・活断層

図1.3 地殻を構成するプレート群

地球表面は十数枚のプレートで覆われており，これらの相互作用がさまざまな地殻変動を引き起こす。
（アメリカ地質調査所の資料を改変）

系形成初期に生じた大量の熱[2]はやがて宇宙空間に放出されていくが，大型の惑星になると宇宙空間に熱を逃がしにくくなり，内部に熱を蓄積している。さらに，地球内部には放射性物質が存在し，その崩壊に伴って熱が発生しており，地球内部には熱源そのものも存在していることになる。これらの熱によってマントルはゆっくりと対流し，マントル下部では高温の物質が半径方向に上昇し，冷やされた物質が再び中心部に沈み込むように数億年かけて循環する。

地殻の下ではこのようにマントルの対流が起こっており，硬い構造をもった部分が，対流している構造の上に浮かんでいるというイメージが適切である。地球表面は十数枚のプレートに分かれており，互いに重なり合っている（図1.3）。これらのプレートは非常にゆっくりではあるが，移動している。

このような考え方を**プレートテクトニクス**という。1912年にウェゲナー（Alfred Lothar Wegener）が世界地図に描かれた南アメリカ大陸とアフリカ大陸の海岸線が一致することに着想を得て大陸移動説を提唱した。長い間，大陸移動説は支持を得られなかったが，1950年代に行われた古地磁気の研究によって注目されるようになった。岩石に含まれる磁鉄鉱（Fe_3O_4）は磁気を帯びており，その岩石ができた時代の地磁極の向きを保存している。岩石に保存された磁気を計測することで，その当時の磁極の位置を推測できる。北アメリカとヨーロッパの岩石の磁気を計測し，岩石形成当時の磁極の位置を推測したところ，北アメリカとヨーロッパそれぞれの岩石では磁極の位置が大きく異なる結果が得られた。地球の地磁気は自転によって生じており，磁極の位置が北極・南極の位置とは大きく変わらないはずである。岩石の磁気から推測される磁極

[2] 微小な天体の衝突，合体によって大きな天体が形成され，衝突前の運動エネルギーが熱エネルギーになる。

の位置のずれは，大陸が移動したことによって生じると考えれば，合理的に説明できることがわかった。1960 年代初めにはヘス(Harry Hammond Hess)とディーツ(Robert Sinclair Dietz)によって海洋底拡大説が提唱される。これは，中央海嶺(海底の巨大山脈)では地球内部からの物質の上昇によって新しく海底岩盤が生成され，海溝では海底岩盤が沈み込むことで，海洋底が更新されているという考え方である。そして 1960 年代になって，地震の発生する領域が海嶺や海溝，トランスフォーム断層に顕著であることなどから，マッケンジー(Dan McKenzie)，モーガン(William Jason Morgan)，ピション(Xavier Le Pichon)らがプレートテクトニクス理論を完成させた。

　1.1 節で説明した地殻 － マントル － 外核 － 内核という区分は，それぞれの物質やその組成の違いによる，地球化学的な分類である。一方で，力学的な区分では数十～100 km の厚さとなる，地殻とマントルで最も硬い最上部マントルであるリソスフェアと，その下の粘性が低く流動性の高いアセノスフェア，さらにその下に位置する流動性の低いメソスフェアに区分される(図1.1)。プレートに相当するのはリソスフェアの領域である。プレートはアセノスフェアの上を滑っているとイメージできる。

　プレートはどれも同じ構造ではなく，海洋底を形成する海洋プレートと，大陸を形成する大陸プレートに大別され，それらは性質が異なっている。いずれのプレートも地殻部分と上部マントルの一部(最上部)からなる。大陸プレートは海洋プレートに比べると地殻部分の比率が多く，上部マントルの比率が少ない。地殻部分と上部マントルでは上部マントルの方が密度が大きいため，大陸プレートの方が密度は小さくなっている。

　地震の発生する原因は「プレートが運動しているから」ということになるが，その主な原因によって 3 種類に分けることができる。

3) たとえば東北地方太平洋沖大地震(2011 年)や，今後発生が予測されている南海トラフ沿いの巨大地震。

　・**海溝型地震**[3]：プレートの移動によって生じたひずみが解放されることによって生じる地震。この種類の地震は，日本の海溝付近では，おおよそ数十年に一度の頻度で M7 クラスの地震，百年から数百年に一度の頻度で M8 クラス以上の地震がそれぞれ同じ震源域で繰り返し発生している。小さな縦揺れの後に大きな横揺れが生じる例が多く，揺れも数分間にわたって続くことがある。

4) たとえば兵庫県南部地震(1995 年)や熊本地震(2016 年)。

　・**直下型地震**[4]：断層型地震やプレート内地震とも呼ばれ，プレート内の断層で生じる地震。突き上げるような縦揺れが特徴で，揺れの時間は比較的短い。

　・**火山性地震**：火山の地下に存在するマグマや熱水の運動，火山噴火によって生じる地震。一般に地震の規模は小さい。

1.2.2　プレートの分布

　地球上で地震が発生する地点を地図上に示していくと，地表を構成しているプレートがどのように分布しているのかを知ることができる。

　1.2.1 で説明したとおり，プレートの移動は，そのままの形と位置関係を保ったまま動くのではなく，プレートが新たにつくり出される場所が明らかに

1.2 プレートテクトニクス・活断層

a. 発散型境界　　　b. 収束型境界　　　c. トランスフォーム型境界

図1.4　プレートを運動の方向によって分類したもの
矢印はプレートの運動方向を示す。

なっており，この部分を**発散型境界**という。地球の表面積は限られているので，新たにつくり出された分を消失させなければつじつまが合わない。プレートが消失していく場所も明らかになっており，そのような部分を**収束型境界**という。ほかに，プレートがただすれ違う場所が存在し，そのような部分は**トランスフォーム型境界**と呼ばれる。

・**発散型境界**(図1.4 a)：マントルが下から湧き上がってくる場所にあたり，太平洋の東側，大西洋の中央部になる。この場所が海底であれば，海嶺と呼ばれる海底山脈になる。地上に見られる発散型境界の場所として，活発な火山活動が起こっているアイスランドや，崖の落差が100 mを超える場所がいくつも存在するようなアフリカ東部の大地溝帯がある。これらの場所では，境界から1年あたり数cmほどの速さで互いに離れている。

・**収束型境界**(図1.4 b)：プレートが沈み込む場所に相当し，この場所ではプレートが互いに衝突し，圧縮される。このような場所では密度の大きなプレートが密度の小さいプレートの下に潜り込む。この場合，海底では深い海溝が形成され，大陸側のプレートには弧状に配列した列島(弧状列島)が形成される。日本周辺のマリアナ海溝などは，この沈み込む作用によって形成されたと考えられる。両方のプレートが大陸である場合，海溝とはまったく違った現象になる。2つのプレートの衝突で，一方のプレートが大きく曲げられる結果，大陸内部に山脈が形成される。現在のヒマラヤ山脈(インドプレートとユーラシアプレートの衝突)がこの例である。また，一方に大陸があり，もう一方に大陸がない場合，大陸が持ち上げられ，やはり山脈を形成する。このような例がアンデス山脈であり，太平洋のナスカプレートが南アメリカプレートの下に潜り込み，南アメリカプレートが持ち上げられて形成されたものだ。

・**トランスフォーム型境界**(図1.4 c)：プレート同士がただすれ違うだけのこともある。もちろん，硬いプレートがすれ違うことで大きな力がかかり，激しい断層運動が起こる。アメリカ西部のサンアンドレアス断層は太平洋プレートと北アメリカプレートのすれ違いによって，またトルコ北部の北アナトリア断層はユーラシアプレートとアナトリアプレートとのすれ違いによって，激しい地震活動を起こしていることで知られる。

プレートの境界ではない領域は安定的である一方，プレートの境界部は，火

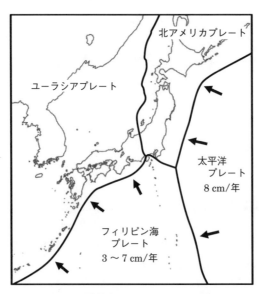

図1.5　日本周辺のプレートの分布と運動方向

ユーラシアプレートと北アメリカプレートの下に，太平洋プレートと
フィリピン海プレートが潜り込んでいる。
（総理府・地震調査研究推進本部の資料をもとに作成）

山活動や地震活動などのさまざまな活動的な現象が生じる。

　日本周辺のプレートの分布を図1.5に示す。日本列島は陸側のユーラシアプレートと北アメリカプレートに乗っており，その下に海側の太平洋プレートとフィリピン海プレートが潜り込んでいる。太平洋プレートは1年あたり8 cmで南南東の方向から日本列島に近づき，北アメリカプレートの下に沈み込み，それらのプレートの境界には千島列島が形成されている。一方，フィリピン海プレートは1年あたり3～7 cmで南東の方向から日本列島に近づき，ユーラシアプレートの下に沈み込み，相模トラフ[5]，南海トラフ，南西諸島海溝を形成している。日本列島はプレートの沈み込みによって生じた弧状列島である。

　このようなプレートの境界に位置している日本は，地球規模でも最も地震活動の活発な境域となっており，関東地震(1923年)や東北地方太平洋沖大地震(2011年)などの大規模な地震が起こり，それに伴う被害も多く発生した。これらのプレートの移動あるいはプレート間のひずみの蓄積の解放によって生じる大規模な地震(海溝型地震)は，数十年～数百年に一度の割合で発生することがわかっている。

　日本政府によって設置された地震調査研究推進本部によると，相模トラフの沈み込みを原因とするマグニチュード[6](M)7程度の地震が今後30年間に発生する確率は70～80%とされている。また南海トラフでは70年以上にわたって大地震が発生していないことから，M8～9程度の地震が今後30年間に発生する確率が70～80%であるとして警戒を呼びかけている。

[5] 細長い海底盆地で水深6,000 mより浅いもの。水深が6,000 m以上のものは海溝と呼ぶ。

[6] 地震の規模を表す尺度。マグニチュードが1大きければ約32倍，2大きければ約1,000倍のエネルギーの違いになる。

1.2.3 断層

　切り立った崖では，地層が露出している。地層は非常に長い時間にわたって土砂の堆積したものが層となって見えているもので，地層を構成する岩石を調べることで，その場所がかつてどのような環境だったのかを推測することができる。下にある地層ほど過去のものであるという**地層累重の法則**に従うが，実際に観測する地層は食い違いが見られることがある。これが**断層**である。

　プレートの移動や衝突などによって，地殻に大きな力がかかると，地殻を形成している岩盤は大きく変動する。岩盤の固さや状態によってさまざまな変形をもたらし，亀裂が入ったり，破壊されたり，ときには大きく曲がりくねったりすることもある。この岩盤の運動が地震である。

　これまで説明した地球全体を覆っているプレートの相互作用によって，プレートの縁辺部で大きな地震活動が予想される。実際に，プレートの境界では地震が多く発生している（図1.6）が，火山活動によるマグマの上昇などによっても岩盤は力を受ける。岩盤内部の面にはたらく力を応力といい，断層面をずれ動かして地震を発生させるような応力を**せん断応力**と呼ぶ。

　岩盤は一定の固さをもっているため，簡単に変形するようなことはない。しかし，長期間にわたってかかる力が大きくなると時間の経過に従って，岩盤はわずかに変形し，やがて無数の小さな割れ目ができる。通常はこれらの割れ目ができても，岩盤の中でしっかりとかみ合っており，すぐに大きく破壊されることはない。しかし，長時間にわたって力がはたらき続けると，やがて大きく割れてしまう。このような過程を経て，断層が生じるものと考えられる。この

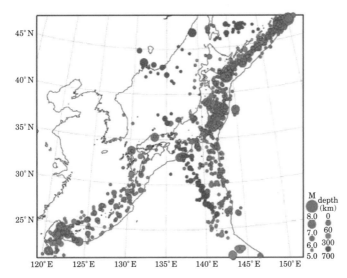

図1.6　日本周辺の震央の位置と地震のマグニチュード、震源の深さ

2000～2009年に発生したマグニチュード5以上の地震で，気象庁において震源を決定した地震について示している。

（内閣府『平成22年版防災白書』図2-3-2「日本付近の地震活動」をもとに作成）

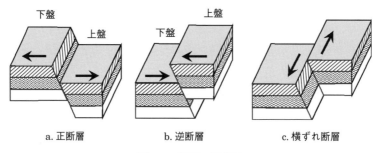

図 1.7 断層の模式図
断層面より上側の地盤を「上盤」，断層面より下側の地盤を「下盤」という。縦ずれ断層のうち，上盤がずり下がったものを正断層(a)，上盤がのし上がったものを逆断層(b)という。互いに横方向に移動するものは横ずれ断層(c)と呼ばれる。力がはたらく方向を，図中に矢印で示した。

ずれた衝撃が地表に伝わったものが，地震として感じるものである。

地盤に生じた亀裂の両側が，亀裂面に沿って平行に，互いに逆の方向にずれ動くことで発生し，この結果として生じた地層のずれが断層である。地盤にかかる力の方向によって，地盤が互いに縦方向に移動した結果の断層（**縦ずれ断層**）と，互いに横方向に移動した結果の断層（**横ずれ断層**）とがある（図1.7）。地下の深いところで地震を生じさせた断層を**震源断層**といい，断層のずれが地表まで到達したものを**地表地震断層**という。

1.2.4 活断層

前述のとおり，日本の周辺にはプレートの境界が存在するため，活発な地震活動が発生し，無数の断層が生じている。これらの断層のうち，数十万年前以降に繰り返し活動し，今後も活動すると考えられる断層を**活断層**として区別している。活断層には以下のような特徴がある。

コラム 1

応力とは

地震がどのように発生するかのメカニズムを知る上で，地殻内部にどのように力がかかっているかを理解することは重要である。一般に，物体内部で力がどのようにはたらいているかを考えるとき，応力という用語が使われる。物体内部に仮想的な面を想定し，その面を通して及ぼされる単位面積あたりの力を応力という。応力には，面に垂直にはたらく**垂直応力**と，面に平行にはたらく**せん断応力**の2種類が存在する。

固体の物質は外から力を加えると，ある力の大きさのところで破壊する。このときの力の大きさは**破壊強度**と呼ばれる。地震は震源域での応力が破壊強度よりも大きくなったときに発生すると考えられている。

・活断層は一定の期間をあけ，繰り返し活動する：断層面の両側の岩盤には大きな力（応力）がかかっており，せん断応力に耐えられなくなる限界に達すると岩盤の破壊が起こり，断層面に沿って互いに逆方向に岩盤が移動し，地震が発生する。ひとたび岩盤が移動することで，せん断応力は一時的に解消され，再び限界に達するまで断層は活動を止める。

・常に同じ方向に移動する：断層面にはたらく応力は主にプレートの運動によるものである。プレート運動の方向や速さは非常に長期間変化しないため，活断層の運動の方向も変化しないことになる。

・ずれる速さは断層ごとに異なる：1回のずれの大きさがわずかであっても，繰り返しの活動によってずれは大きくなっていく。1,000年あたりにどれだけずれが生じたかを**平均変位速度**として表し，断層ごとに異なった値をもつ。

・活断層の活動期間は非常に長い：1個の活断層が起こす大地震（直下型地震）の発生は，およそ1,000年から数万年に1回になる。兵庫県南部地震（1995年），熊本地震（2016年），北海道胆振東部地震（2018年），能登半島地震（2024年）のように日本では直下型地震がより頻繁に発生している印象を受けるが，これは日本に活断層が数多く存在しているためである。

・長い断層ほど大きな地震を起こす：断層の長さと地震の規模には関係があると考えられており，M7級の地震で約20 km，M8級の地震で約80 kmの長さに及ぶ地表地震断層が確認される事例がある。

　現時点で日本にはおよそ2,000個以上の活断層が発見されているが，地表に現れていない活断層も多数存在すると考えられる。活断層による大地震が発生すると，社会的・経済的に大きな影響が及ぶため，地震調査研究推進本部は国内の98の断層（あるいは断層帯）を「基盤的調査観測の対象活断層」に指定し，研究が進められ，防災都市計画などへの反映を目指している。

　ここまで述べてきたように，地球のプレートの移動に起因してさまざまな地殻活動が生じるが，その活動の時間スケールは非常に長い。過去の地殻変動は長い期間にわたって形成された地層や古文書の記録などから，どれだけの規模の変動であったかが科学的に解明されているが，すべての変動が明らかになっているわけではない。

　さらに，日本では1960年代から地震予知の研究が推進され，研究機関の拡充なども行われてきた。しかし，近年の兵庫県南部地震（1995年）や東北地方太平洋沖大地震（2011年）で明らかになったように，多くの人々が日常的な意味で使う地震の「予知」は現在の科学技術では不可能であり，科学的には「今後30年間にM7程度の地震が発生する確率」として表現することしかできないことが明らかになった。つまり，私たちはそのような科学的な知見に基づいて，それぞれの人々が将来の地震に備えなければならず，また都市計画は災害を最小限にするための工夫が必要であり，建設物などの設計には耐震や免震などを考慮しなければならない。

1.3 津波

1.3.1 津波の被害にあわないために

周囲を海に囲まれている日本では，沿岸部で地震が発生すると津波の発生の有無について常に報道される。津波が甚大な被害を及ぼすのは，奥尻島（北海道）沖を震源とする北海道南西沖地震（1993年）や東北地方太平洋沖大地震（2011年）で十分に知られているところである。

海岸や海に近いところで地震を感じたときは，速やかに高い場所へ逃げることが先決である。津波の高さが50 cmであっても，人間は自由に移動できないと言われる。大きな地震の場合，津波の規模も大きくなる可能性が高く，より標高の高い場所へ逃げる必要がある。限られた時間内で安全な場所に移動するためには，すぐに行動を起こさなければならない。地震発生から津波が到達するまでの時間は，震源の場所で大きく異なり，震源近くで地震を感じた場合はニュース速報を待っているような時間はない。

1.3.2 津波の発生と伝播

海に見られる通常の波は，海面を吹く風によって引き起こされる。台風や低気圧によって大きな波が発生するのは，主に強く吹く風のためである。一方，津波は風によって引き起こされるのではなく，海底の地殻変動によって引き起こされるものである（図1.8）。海底下で大きな断層が生じた場合，その断層の隆起あるいは沈降によって海底が変形する。この変形を起こした真上の海水が上下に変動し，海水全体の変動が波となって周囲に伝播する現象が津波である。海水面付近の海水のみが移動する一般的な波と，海水全体が進行方向へ流動する津波とでは，それらのもつ運動エネルギーは大きく異なり，津波のもつエネルギーのほうがはるかに大きい。

海底断層によって生じた津波は，外洋では数十～数百 km の波長にもなる，

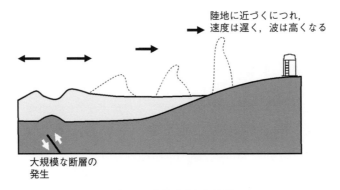

図1.8 津波の発生と伝播

海底での大きな断層によって海底の変動が生じ，その上にある海水の上下する動きが津波となって同心円状に伝わっていく。

ゆったりとした波で，水深約 5,000 m で海面を 800 km/h の速さで進み，水深約 100 m では 110 km/h，水深約 10 m になると 36 km/h と，陸に近づくにつれて遅くなっていく（津波の速さは水深の平方根に比例する）。津波の高さは陸に近づくにつれて高くなる。減速した波に，その後から到達した波が追いつき，波が重なる結果，波が高くなるためである。

また，津波が V 字型の湾に入り込むと，津波が接する陸地の両側から圧縮されることになり，湾の奥になるほど波の高さが高くなる現象が知られている。さらに，津波の波長の 1/4 程度の奥行きをもつ湾に津波が到達すると，波の共鳴によって湾の奥での波高が高くなる現象が生じる。波は反射する性質もあるため，北海道南西沖地震（1993 年）で生じた津波では，奥尻島とその対岸となる北海道南西部の海岸との間で津波が何度も往復し，大きな被害をもたらした事例がある。

1.3.3 津波による被害

地震の揺れによる被害はそれほど大きくなくても，津波によって多大な被害を被ることがある。押し寄せる波のエネルギーが陸上の建設物を破壊し，水中の複雑な運動によってさまざまなものを壊していく。さらに，海底の物質を含んで濁水状態になった津波の場合，海水に含まれる浮遊した砂によって水の粘性が高まり，津波そのものの破壊力が高まる可能性が指摘されている。

津波が沿岸から陸に押し波となって押し寄せ，陸地の高い位置へと波が進むとき，波の速度は重力に抗って進むために徐々に遅くなる。その後，海水は海岸の低いところに向かって引き波となるが，この場合は重力に従って海水が運動することになり，加速しながら移動していく。速度が大きくなるとそれだけ運動エネルギーが増加するため，押し波では損傷を受けなかった建造物が引き波では大きな被害を受けることがある。

1 章　演習問題

1.1　地球の大陸を形成する大陸地殻と，海底を形成する海洋地殻にはそれらの組成にどのような違いがあるか。また，その違いはなぜ生じたのか，説明しよう。

1.2　地球の内部構造は地殻やマントルなど，密度の異なる部分に分化しているが，ほかの惑星や月，小惑星の内部構造はどのようになっているだろうか。

1.3　火山性地震は，どのような原因によって生じるのかを説明しよう。また，火山の分布とプレート上の位置にはどのような関係があるのかを調べよう。

1.4　原子力発電所の立地と，その付近にある活断層の有無が安全上の観点から議論になっている。活断層の存在を確認するための手法にはどのようなものがあるのか，調べてみよう。

コラム 2

波 の 性 質

波とは同じようなパターンが空間や物質中を伝播する現象をいう．物体の振動方向と伝播方向が同じ**縦波**と，物体の振動方向と伝播方向が垂直になっている**横波**の2種類がある．よく知られているように地震波には伝播速度の速い**P波**と，遅い**S波**があり，それぞれ縦波と横波である．縦波は固体・液体・気体中を伝播するが，横波は固体中でしか伝播しないことから，ある地点で発生した地震波を地球上のいろいろな地点で観測することによって地球内部がどのような状態になっているかが明らかになった．

周期的な運動を示す波（図参照）は，正弦波として表すことができ，振幅を A [m]，周期を T [s]，波長を λ [m] としたとき，波の波形の位置 x [m] と時刻 t [s] と，その地点での変位 y [m] の関係は以下のようになる．

$$y = A \sin\left(360°\left(\frac{t}{T} - \frac{x}{\lambda}\right)\right)$$

2つの波が重ね合わされると振幅は単純に2つの波の振幅を足したものになり（重ね合わせの原理），伝播中に障害物が存在してもそれを回り込んで伝播できたり（回折），複数の波が重なり合うことで強め合ったり弱め合ったりする（干渉）という性質をもつ．

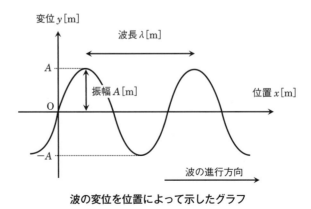

波の変位を位置によって示したグラフ

2. なぜ天気は変わるのか？

　　私たちの生活に天気予報は欠かせない存在になっている。明日や明後日の天気予報だけでなく，3カ月先までの気象の見通しなども気象庁から発表される。毎日の気象はどのようなメカニズムで変化するのだろうか。

2.1　天気，天候，気候は違うのか？

　天気や天候，気候，それに気象…のように，似たような言葉があるが，これらはどのように使い分けるのだろうか。科学的にものごとを説明するためには，用語を適切に使い分けることも大切である。

　気象とは，地球の大気中で起こる現象すべてを指す言葉で，気象学や高層気象，気象衛星などのように学術的な分野を説明するときなどに使われる。「天気」「天候」「気候」は，気象を表す期間によって使い分けられており，**天気**は数時間から数日間の気象状態，**天候**は一週間から数カ月の気象状態，**気候**は数十年間の気象状態を示している。近年話題になる気候変動はこのとおり数年で判別できるわけではなく，非常に長い期間にわたるデータによって判断されることを理解できるだろう。

　気象庁が発表するいわゆる天気予報では，各都道府県をいくつかに分けた領域を対象として，今日・明日・明後日の天気，風，波，さらに明日までの6時間ごとの降水確率と最高・最低気温の予報が発表されている。予報では「未明」や「昼前」，「夜遅く」などの語句が使われるが，これらにも時間によって区分されている(表2.1)。また，たとえば「晴れ時々曇り」とは，予報期間の1/2未満に断続的に曇りと予報されるとき，「晴れ一時曇り」とは，予報期間の1/4未満に断続的に曇りと予報されるときのことである。

表 2.1　天気予報で使われる時間帯の区分

時　刻	用　語	時　刻	用　語
0時〜3時	未　明	12時〜15時	昼過ぎ
3時〜6時	明け方	15時〜18時	夕　方
6時〜9時	朝	18時〜21時	夜のはじめ頃
9時〜12時	昼　前	21時〜24時	夜遅く

天気予報では「平年と比べて〜」という言い方をよく聞く。この場合，平年とは**平年値**のことを指しており，過去30年間の平均をとった数値のことで，10年ごとに更新されることになっている。たとえば2024年に使われる平年値は1991年から2020年までの30年間の気象観測のデータの平均値を用いている。平年値は，その観測地点の気候を表す数値であると考えることができる。

気象庁では，今後1カ月間や3カ月間の天候の予報を**季節予報**という。この期間の毎日の天気を示すものではなく，その予報期間の平均気温，合計降水量，合計日照時間などを予報するものである。季節予報では，平年値と比べてどのような天候が予想されているかが示される。平年値の変化を積み上げていけば，統計的に気候が変動する傾向を知ることができ，人類が化石燃料を積極的に使いだした18世紀後半から地球上の平均気温が上昇していることが判断されるようになった。

2.2 雲と雨

「雲は何からできているか？」と聞くと，半数程度の人が水蒸気と答える。そう答える人は，やかんに入った沸騰した湯から出てくる白い湯気が水蒸気であると勘違いしているかもしれない。雲は確かに水蒸気がもとになるが，水蒸気そのものではなく，やかんの口から出る白い湯気も水蒸気ではない。水蒸気は水が気体になったものであり，水蒸気は目に見えない。白く見える理由は，水蒸気が冷やされて水分子が凝集し，小さな水滴になるためである。この小さな水滴は，光を散乱してしまうために白く見える（散乱については4章で詳しく

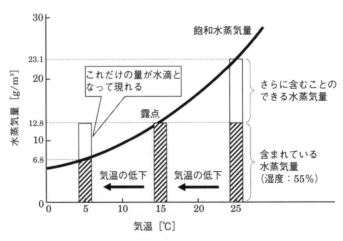

図2.1 空気中の水蒸気量と温度の関係

気温の低下に伴って単位体積あたりの空気に含むことのできる水蒸気量が減少し，水滴となって現れる。温度25℃で湿度55%の空気の1 m³あたりの水蒸気量は23.1 g/m³×0.55＝12.8 gであり，12.8 g/m³が飽和水蒸気量となる15℃未満の空気では，飽和水蒸気量を超えた量の水が液体となって窓の結露などとして観察される。

2.2 雲と雨

紹介する)。

小学校で学んだとおり，地表や海，湖などから蒸発してきた水蒸気が，上空に向かうにつれて温度が下がり，**露点**(図 2.1)に達したところで水滴として出現し，集まったものが雲である。雲の内部は直径 0.01 mm ほどの小さな水あるいは氷の粒(氷晶)の状態になっており，雲は地表で温められた空気が上昇気流を生じ，その浮力で支えられているため，落ちることなく浮いていられる。

雲の中の水や氷の粒は，互いに衝突して成長することがある。成長の結果，浮力よりも氷晶にかかる重力の方が大きくなり，やがて雨(気温によっては雪)として落下する。

天気予報では 6 時間ごとに区切られた降水確率が発表される。降水確率は「その予報期間で 1 mm 以上の雨が降るか，降らないか」を確率で示したものであり，降水量や雨が降る時間の長さ，あるいは予報される地域で雨が降る面積などを表すものではない。観測値やシミュレーションの結果で得られた将来の気象予報から降水確率が計算されるが，たとえば「降水確率 30%」の意味は，「降水確率 30% という予報が 100 回発表されたとき，そのうち 30 回は 1 mm 以上の雨が降る」という意味である。気象庁は 0% から 10% 刻みで降水確率を発表している。

ここで，前述の降水量はどのように決められているのだろうか。テレビなどの天気予報では，「1 時間に 30 ミリ以上の雨」のように伝えられる。気象庁は社会での使われ方を考慮して，降水量を「ミリ」と表しており，ここでの「ミリ」は mm(ミリメートル)のことである。さて，数値が大きければ大量に雨が降ることは容易に理解できるが，1 mm とはどのようにして計測した 1 mm であろうか。降水量は「降った雨がどこにも流れ出ることがなく，その場所にたまったとしたときの水の高さ」を示す。広い範囲に一様に雨が降れば，その面積が広くても狭くても，水の高さは同じになる(図 2.2)。雪や雹の場合には，

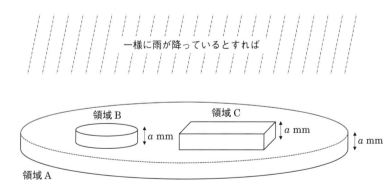

図 2.2　降水量の意味の説明

降った雨がどこにも流れ出ることがなく，そのまま留まった場合の水の深さ(mm)を降水量として表している。雨が領域 A で一様に降っているとすれば，その内部の領域 B でも領域 C でも単位時間に溜まる水の深さは，その面積や形によらず同じ深さになる。

表 2.2　降水量と予報用語の関係 (気象庁より)

1時間雨量[mm]	予報用語	人の受けるイメージ
10以上〜20未満	やや強い雨	ザーザーと降る
20以上〜30未満	強い雨	どしゃ降り
30以上〜50未満	激しい雨	バケツをひっくり返したように降る
50以上〜80未満	非常に激しい雨	滝のように降る
80以上〜	猛烈な雨	息苦しくなるような圧迫感があり，恐怖を感じる

溶けて水になったものを示す．降水確率は6時間ごとに区切られているので，該当する6時間に降水量1 mmの雨が降る確率を示していることになる．天気予報では降水量とその程度を表す用語が結び付けられている(表2.2)．

2.3　大気の鉛直方向のつくり

　大気とは地球の表面を覆っている気体のことを指すが，地表の大気の様子がそのまま上空でも同じではない．大気は4種類の層状構造をなしており「大気の鉛直構造」といわれる(図2.3)．

　いわゆる気圧は，ある高度より上に存在する大気の重さであるため，地表から15 km高くなるごとに気圧は1/10になっていく．つまり，大気をつくる物質の90%が地表から15 kmまでに存在していることになる．

　大気の鉛直構造は地表から**対流圏・成層圏・中間圏・熱圏**となっている．4種

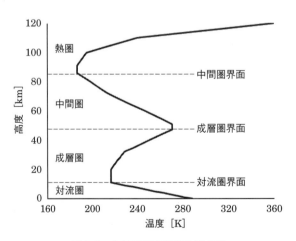

図 2.3　大気の鉛直構造の模式図

鉛直方向に大気の温度を計測すると，地表から上空に向かって単調に変化しているわけではない．図には示していないが，熱圏の外側に外気圏があり，熱圏と外気圏との境界は高度 500 − 1,000 km とされる．外気圏は高度およそ 10,000 km まで続く．国際航空連盟では高度 100 km に仮想的なカーマン(Kármán)・ラインを定義し，これより上空を宇宙と定めている．
(国立天文台編　理科年表　2022　丸善出版をもとに作成)

類の層は温度変化が基準となっており，上空に向かって温度が極小あるいは極大となる境界を**圏界面**と呼ぶ。

太陽から届いた放射のエネルギーは，ほとんどが地表面に吸収され，さらに地表面が大気を温める。温められた空気は上方へ，冷たい空気は上方から地表面へと対流が発生する。このような大気の運動が起こっている層が**対流層**（地表からおよそ 11 km の高さまで）で，雲の生成や降雨，降雪などの気象現象はこの層で生じている。対流圏の上面を**対流圏界面**と呼び，ジェット旅客機はこの付近の高度を飛行している。

対流圏の上には**成層圏**（11～50 km）が存在し，この層では上空に向かうほど温度が上昇する。成層圏には太陽放射のうち紫外線を吸収するはたらきをもつオゾン（O_3）[1]の濃度が高い領域が存在し，ここを**オゾン層**と呼ぶ。オゾンが紫外線を吸収するときに生じる熱が，成層圏の熱源となっている。成層圏の上面は**成層圏界面**と呼ばれる。

成層圏界面より上の高度 50～80 km の層を**中間圏**と呼び，高度が高くなるにつれて温度が下降する。この中間圏は地球大気の中で最も温度が低い領域である。太陽からの X 線に近い紫外線は，さらに上空の熱圏で吸収され，可視光線に近い紫外線は成層圏で吸収されるため，顕著な熱源がないことから最も温度が低くなっている。

中間圏界面を越え，地表面から 500 km の高さまでを**熱圏**と呼び，熱圏の上面である熱圏界面までを**大気圏**とする。熱圏では高度とともに温度が上昇するが，この熱源は太陽光線の紫外線を吸収したエネルギーである。熱圏には電離層が存在し，電離層は電波を反射する性質がある。そのため，地表では全球規模で電波通信が可能である。電離層は大気中の物質が電離した状態で存在している。熱圏に存在している窒素や酸素などの原子・分子は太陽光線の紫外線を吸収し，この吸収したエネルギーは物質を電離（イオン化）する。このような現象を**光電離**という。これらのイオンと電子が大量に存在している領域が**電離層**である。熱圏では地球に降り注ぐ紫外線がつぎつぎと原子・分子に吸収されるため，継続的に光電離が生じることから，常に電子密度が高い状態にある。

[1] 酸素原子が3個からなる化合物で，酸素の同素体。オゾンそのものは特異な刺激臭をもち，生物にとっては有害である。一方で成層圏でのオゾン層は生物にとって有害な紫外線を吸収するという重要な役割を果たす。

2.4 大気の水平方向のつくり

大気は地表によって温められ，その地表は太陽光に含まれる赤外線によって温められている。地球は緯度によって太陽から受けるエネルギーが異なっている。単位面積あたりの太陽光の照射量は，赤道面ほど大きくなり，極領域で小さくなる（図2.4）。一方，地球は宇宙空間に向けて熱を放出しており，この緯度別の放出量も赤道面ほど大きく，極に向けて小さくなる（図2.5）。このままでは赤道付近と極領域の温度差はどんどん大きくなり続けるはずだが，地球表面の温度差はおおむね 40 ℃で保たれている。この理由は，大気の流れが赤道付近の熱を極方向に運ぶ[2]ためである。つまり，大気には鉛直方向だけでなく，

[2] 物理学では，熱や物質，運動量の移動を輸送と呼ぶ。

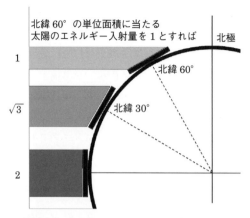

図 2.4 単位面積あたりの地球に照射される太陽光の量を示したもの

北緯 60°の地表の単位面積に当たる太陽エネルギーの入射量を 1 としたときの北緯 30°,赤道面の入射量はそれぞれ $\sqrt{3}$, 2 となる。30°と 60°の角度をもつ直角三角形の辺の比を考えれば説明できる。
(山﨑友紀『地球環境学入門 第 3 版』2020 年 講談社 図 6-4 を改変)

水平方向にも特徴的な構造がある。

ハドレー(George Hadley)は赤道付近で温められた空気が鉛直方向に上昇して上空を極方向へと移動し,冷やされた空気が地表付近へと下降して赤道方向へ移動するという循環を提唱したが,現実には地球が自転している影響を受け,単純な運動にはならない。地球の自転による効果は,地球に相対的に運動する物体に対してはたらく力として現れ,北半球では物体の水平方向に対して右向き,南半球では同様に左向きとなる。これを**コリオリの力**と呼び,この力は赤道では 0,極で最大となる。

赤道付近で温められた空気は強力な上昇気流で対流圏を鉛直方向に移動し,その過程で大量の積乱雲を生じる。赤道近辺でこのような積乱雲が発生している領域を**熱帯収束帯**と呼ぶ。

上昇した空気は対流圏の上層を北半球では北に,南半球では南に向かって流れるが,コリオリの力の影響によって緯度 30°あたりまでしか移動できず,ここで空気は下降して**亜熱帯高圧帯**を形成する。空気は気圧の高いところから低いところへと移動するため,亜熱帯高圧帯から赤道に向かって安定した風が吹くことになるが,コリオリの力の影響を受けて東寄り(北半球では北東,南半球では南東)の風となる。この風を**貿易風**と呼び,赤道から緯度 30°までの大気の循環を**ハドレー循環**という。

亜熱帯高圧帯から極側へ向かう風はコリオリの力の影響で西寄りの風が吹いており,これを**偏西風**と呼ぶ。偏西風はほぼ同じ緯度帯のところを流れて地球を一周しており,対流圏界面付近で最大の速度となっている。偏西風で特に速度の大きな部分は**ジェット気流**と呼ばれる。日本など中緯度で気象が西から東へと変化するのは,この偏西風の影響によるものである[3]。ジェット気流は夏

[3] 日本付近では冬になるとジェット気流の影響を大きく受け,たとえば飛行機では西から東に向かうときジェット気流は追い風になる。そのためジェット気流の高度まで上昇し,気流に乗ることで飛行時間を短縮でき,同時に燃費も向上できる。逆に東から西に向かうときには向かい風となるジェット気流の影響を受けないように,それほど高いところを飛ばずに飛行時間を短縮している。

2.5 海洋は気象にどのように影響しているか　　19

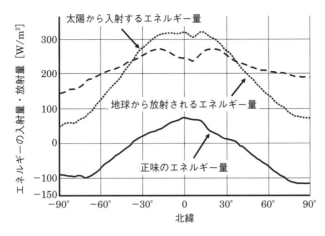

図 2.5　地球の緯度別の放射エネルギー収支

正味のエネルギー量とは，（太陽から入射するエネルギー量）−（地球から放射されるエネルギー量）である。赤道面付近での正味のエネルギー量は正の値となるが，極方向に向かうにつれて負の値となる。大気に水平方向の運動がなければ，このグラフで示されるように赤道面で温度は上昇し続け，極方向で温度は低下し続けることになってしまう。

（Yamanouchi & Charlock JGR: Atmospheres, 106, 6631, 1997 をもとに作成）

には高緯度側，冬には低緯度側に移動することが知られている。また偏西風は中緯度上空に発生する多数の渦によって蛇行しており，渦は中緯度に発生する高気圧や低気圧のことであり，中緯度から高緯度への熱移動を実現している。

太陽からのエネルギー量が少ない極領域では，空気が下降して高気圧が形成されることで赤道方向に向かって**極偏東風**と呼ばれる東寄りの風が吹き出している。コリオリの力の影響で緯度60°あたりで上昇し，再び極領域へと輸送されて極循環を形成している。

大気の鉛直方向と水平方向のそれぞれの空気の流れによって，大気は立体的に地球上を循環し，地球全体の温度差を一定にするようにはたらいている。

2.5　海洋は気象にどのように影響しているか

大気が循環しているように，海洋も循環している。地球の北半球では特に，熱帯から中緯度への熱輸送に海洋が大きな役割を担っている。海洋の循環は，海面表層での水平方向の流れである**風成循環**，大洋の深層での水平方向の流れである**深層循環**，温度と塩分の違いで引き起こされる鉛直方向の流れである**熱塩循環**[4]からなっている。

[4] 海水の密度は温度と塩分によって決まり，温度が低いほど，塩分が高いほど密度は大きくなる。海面で密度が大きくなった海水は深層に沈み，密度が小さくなった海水は海面に浮き上がる。

2.5.1　海洋の鉛直構造

海洋も大気と同じように，鉛直構造をもっている。深度に伴う海面からの水温変化を調べると，ほとんど温度変化のない領域が存在する。この領域を**表層**

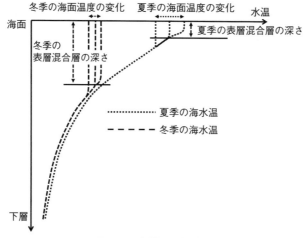

図 2.6 海洋の鉛直構造
夏季と冬季では表層混合層の厚さが異なる。
(気象庁「冬季と夏季の水温鉛直分布の違い」https://www.data.jma.go.jp
/kaiyou/data/db/kaikyo/knowledge/mixedlayer.html をもとに作成)

混合層と呼び，赤道以外の海域で表層混合層の厚みは春から夏にかけて薄く（日本近海で 10〜20 m），秋から冬にかけて厚く（100 m 以深）なる（図 2.6）。これは，春から夏は太陽光によって海面が温められ，海面の冷却や風による海水をかき混ぜる効果が少なくなるためである。一方で秋から冬は低気圧が頻繁に通過することで海面の冷却や海水をかき混ぜる効果が顕著となり，表層混合層は厚くなる。

熱帯と中緯度の海域では，表層混合層の下に大きく温度が変化する主水温躍層がある。この層は数百 m に達することもあり，深度に伴って水温は低下し，温度変化がほとんど見られない冷たい深層へ移行する。高緯度の海域には顕著な主水温躍層は確認されず，表層混合層の下で深層とほぼ同じ水温となる。

2.5.2 海流はなぜ生じるのか

世界二大海流は日本近海を流れる黒潮と，メキシコ湾を流れる湾流であるが，地球上には多くの海流が存在し，一般に周辺海域より水温の高い**暖流**と，その逆の**寒流**に二分される。海流は水産資源をもたらしたり，沿岸地域の気候に影響を及ぼしたりするなど生活に重要な自然現象である。

地球上の主な海流は，海の上を流れる風が海面に及ぼす力（風応力）によって引き起こされている。北太平洋と北大西洋には，それぞれ黒潮と湾流の強い暖流が流れるが，これらは貿易風や偏西風によって生じた時計回りの海面表層の循環の一部である。黒潮や湾流は，大洋の西側で地球の自転の影響を受けて強い海流が生じる現象（西岸強化）である。具体的に黒潮で説明しよう（図 2.7）。黒潮は北太平洋を時計回りに循環する亜熱帯循環で西側の流れに相当する。北

2.5 海洋は気象にどのように影響しているか 21

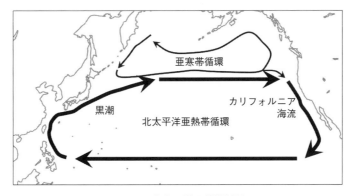

図2.7 北太平洋亜熱帯循環
黒潮は循環の西端から日本沿岸を流れる暖流で,西岸強化を受ける海流である。
北太平洋亜熱帯循環の北には亜寒帯循環が存在する。

半球の低緯度では東から西に向かって貿易風が,中緯度では西から東に向かって偏西風が吹いている。これらの風は海面を押す力としてはたらくが,地球の自転によるコリオリの力がはたらくことで,海面から数十mのところまでの全体で見れば,風の進む方向に対して直角右向きに海水が輸送される[5]（エクマン輸送）。こうなると偏西風と貿易風に挟まれた大洋中央部の海面は高くなる。大洋中央部と周辺に生じるこの圧力差は,海水を大洋中央部から沿岸に向けて移動させるが,コリオリの力とのつり合いを保つために表層の流れは等高線に沿った時計回りの流れとなる。しかし,実際にはコリオリの力が高緯度ほど大きくなるため,大洋中央部の水の流れは南向きとなる。そのため,循環の南側を流れる海水の量が次第に多くなり,大洋の西側の沿岸で強い流れ(黒潮)となって現れる。

[5] 南半球では「風の進む方向に対して直角左向き」となる。

2.5.3 日本周辺を流れる海流

海に囲まれている日本では,海からさまざまな資源を享受している。海流に乗って日本近海にやってくる水産資源は地域に特有な食文化や観光資源にもなっている。日本周辺には4種類の海流があり,暖流として黒潮と対馬暖流,寒流として親潮とリマン海流がある(図2.8)。

黒潮は二大海流と称されているとおり非常に強い流れで,沖縄西方では最大で4km/h,紀伊半島沖では最大で6km/hほどの速さで流れ,流れの幅は100kmにもなり,毎秒5,000万tの海水を輸送している。黒潮には栄養塩はそれほど含まれていないが,南の海域のいろいろな魚類を運んでおり,水産資源として重要である。

親潮は2km/hを超えない程度のゆっくりした流れであるが,流れそのものが深いため,黒潮と同じくらいの海水を輸送していると考えられている。親潮を含む循環は北太平洋の北側を反時計回りに循環する北太平洋亜寒帯循環と呼ばれるもので,親潮はベーリング海から千島列島に沿って流れ,日本の東北地

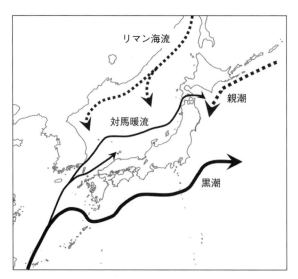

図 2.8　日本付近を流れる 4 種類の海流を示す模式図

実線は暖流，破線は寒流を示す。暖流と寒流のぶつかるところは潮目と呼ばれ，暖流と寒流のそれぞれに生息する魚が集まることと，寒流に豊富なプランクトンが魚の餌となることから好漁場となる。
(海上保安庁「日本近海の海流」https://www1.kaiho.mlit.go.jp/KAN8/sv/teach/kaisyo/stream4.html を参考に作成)

方で沖合へと流れを変える。黒潮と同様に，北太平洋亜寒帯循環でも親潮は西岸強化によってほかの流れよりは強い。親潮は栄養塩を多く含んでおり，魚類や海藻類を育てる海流であることが名称の由来となっている。親潮と黒潮が混じり合っている海域(潮境)では，親潮に乗ってきたプランクトンや小魚が，黒潮で流れてきた魚の餌となることで良好な漁場が形成されている。

　日本海の表層は，北緯 40°付近で南北に二分されている。南側は暖流である黒潮が対馬海峡で分岐した，高温で高塩分の海水が流れており，この海水は北上してほとんどが津軽海峡から太平洋岸へと流れていく。この流れを**対馬暖流**と呼ぶ。黒潮に比べると速さは 1/4，海水の輸送量は 1/10 ほどの弱い流れであるが，この暖流によって日本列島の日本海側の平均気温が高くなったり，日本海側に豪雪地帯が存在したりするなどの影響を及ぼしている。

　日本海の北側の低温域はリマン海流によってもたらされる海水による。リマン海流は間宮海峡からユーラシア大陸の沿岸を流れており，北上した対馬暖流が冷やされた海水とアムール川からの淡水が混合して南下する海流と考えられているが，流量が少ないことから，現在も詳しいことはよくわかっていない。

2.5.4　黒潮の蛇行・非蛇行とはなにか？

　海流が私たちの生活に大きな影響を及ぼしていることは述べたが，黒潮は非常に強力な流れであるにもかかわらず，蛇行することがある[6](図 2.9)。蛇行すると漁場が沿岸から離れてしまい，水産業にとっては打撃となる。また，大

---

6) 黒潮が特に大きく蛇行するものを「大蛇行」と呼び，(1) 潮岬付近で安定して離岸していること，(2) 東海沖での流路の最南下点が北緯 32°より南にある，が条件となっている。

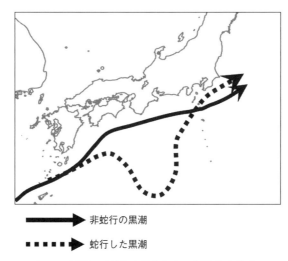

→ 非蛇行の黒潮

┅┅▶ 蛇行した黒潮

図 2.9 黒潮の非蛇行と蛇行した一例を示す模式図

黒潮の流れが大きく南に迂回するものを「大蛇行」と呼び，図は大蛇行の例を示している。

きく蛇行しているときには黒潮が関東・東海沖沿岸に近づくため，水蒸気を多く含んだ空気が流れ込み，高温多湿の夏をもたらすことも指摘されている。

黒潮が大きく蛇行する大蛇行は一度発生すると，1年以上の長期間にわたって継続することが知られており，特に2023年末で6年間を超えて大蛇行していることが観測されている。

黒潮の蛇行を引き起こす原因として，九州南東沖で発生した低温の海水の渦が成長し，黒潮が冷たい渦を抱え込むようにして流れることで大蛇行となるという説があるが，詳細なメカニズムはよくわかっていない。

2.5.5 表層の海水と深層の海水はどうやって入れ替わるのか？

海面を吹く風によって引き起こされる表層の海流は，やがて深層へと沈み込み，深層を流れている海水はやがて表層へと浮き上がり，海水全体でおよそ1,500年をかけて一巡する（図2.10）。

表層を流れる海流は，大西洋北部のグリーンランド南東沖に到達する。大西洋北部の表層海水は塩分が高く密度が大きいため，そこで深層へと沈み込む。塩分と密度が大きくなる理由は次のように説明される。大西洋の亜熱帯域を流れる表層水は強い太陽光で温められた結果，水の蒸発が盛んになり，塩分が高くなる。その後，中緯度で低気圧による降水で塩分は低くなるものの，さらに高緯度の亜寒帯域では急速に冷えることで密度が大きくなる。また，冬季間のグリーンランドでは海氷が生成されるため，海水の塩分は高くなる。このような理由により表層を流れていた海水が深層へと沈み込む。このような温度と密度によって引き起こされる循環を**熱塩循環**と呼ぶ。

深層を流れる低温の海水は，0.1 m/sという非常にゆっくりとした速度で移

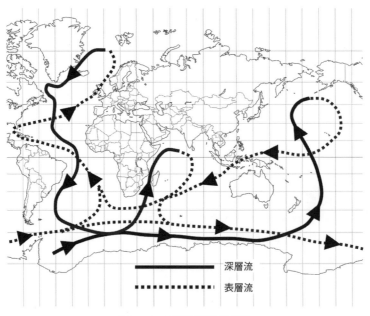

図 2.10 深層循環の模式図

(気象庁「深層循環の模式図」https://www.jma.go.jp/jma/kishou/info/coment.html をもとに作成)

動しながら大西洋を南下し，インド洋へ向かう流れと太平洋へ向かう流れに分岐し，それぞれの北側で表層へと湧き上がり，混じり合う。

海洋の循環は単に海水を循環しているだけでなく，深層へと沈み込むときには海水に溶け込んだ CO_2 を海洋全体に運ぶという役割も担う。

2.6 気象予報はどのように行われるのか？

何かイベントが予定されていれば，その日の天気は誰もが気になる。商品の売れ行きも，天気の良い日により売れるものもあれば，雨の日に売れるものもある。正確な気象予報が期待されているが，どのようにして予報されているのだろうか。

2.6.1 天気予報の正確さはどれくらいか

日本では国土交通省の外局として気象庁が設立されており，天気予報，地震情報，火山情報，津波情報などの発表をはじめとする業務を担っており，ウェブサイトなどを通じてさまざまな情報を発信している。天気予報が正確であったかどうかも発表されており，「1 mm 以上の降水の的中率」と「最高気温および最低気温の予報誤差」について予報精度の検証を行って発表している。2022年までの結果では，「降水の有無」についての的中率は全国の年平均で 83%，「最高気温の予報誤差」は全国の年平均で 1.7 ℃ という成績である。この精度

は過去に比べると向上しており，今後も気象のメカニズムの解明や，コンピューターの性能向上などによって改善されることが見込まれる。

2.6.2 天気予報はどのように行われるのか

　天気を予報するためには，各地での正確な観測が行われる必要がある。全国およそ60カ所の気象台での天気や視程，雲の状態や，降水量・気温・風・日照時間・積雪の深さを観測するほか，およそ1,300カ所に設置されたアメダスによって降水量・気温・風・日照時間・積雪の深さを自動的に収集している。海上の気象データは地上に比べると観測点がはるかに少なくなるが，海洋気象観測船や漁船からの観測地，さらには自動的にデータを取得できる海洋気象ブイロボットを4領域に分けた日本周辺海域にそれぞれ4基を投入して，観測値を得ている。ほかにも電波を用いた気象レーダーによる降水分布や積乱雲の観測，ラジオゾンデを打ち上げて上空大気の温度や湿度を直接的に観測したり，宇宙空間から雲や水蒸気を観測することでデータを収集している。観測される気象スケールや時間変化の度合いに応じて，それぞれの気象観測の頻度を使い分けながら予報の基礎データに活用されている。

　気圧や風，気温，湿度などの物理量が空間にどのように分布しているかを，収集された実際のデータをもとに物理法則に基づいて知ることができる。膨大なデータ量を扱わなければならないが，現在では，このような大気の物理量はコンピューターを用いて求められ，コンピューターの中に大気の状態を再現することができる。このときの物理量の分布を初期値として，方程式で表された物理法則に従って，時間の変化とともに大気の物理量がどのように変化するかを求めることができる。一度に変化させる時間間隔は小さくても，これを繰り返し行えば，明日や明後日，1週間後などの大気の状態を求めることができ，予報として活用できる。

　ここで行われる数値計算は，地球大気を小さな格子に分割して，それぞれの

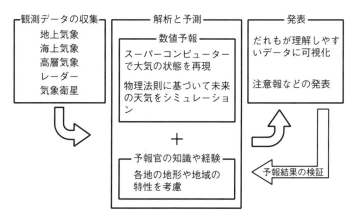

図2.11　天気予報が行われるために必要なプロセス

格子での気圧，気温，湿度，風などの物理量を割り振り，物理状態を記述する方程式に基づいて将来の物理量を求めるものである。計算量が膨大になれば，それだけ多くの計算量が必要となるが，予報に活用するためには限られた時間内に計算を済ませなければ意味がないため，高性能なスーパーコンピューターが使われる。コンピューターを用いたシミュレーションによって行われる気象予報を**数値予報**と呼ぶ。

より正確な数値予報のため，初期値がわずかに異なるものを多数用意して時間変化を求める[7]ことが行われ，正確な予報を実現できるような技術が導入されている。数値予報で得られた大気の物理量は，可視化されて私たちがニュースの天気予報などで日常的に見かけるようなわかりやすい情報となって伝えられている（図2.11）。

[7] これを「アンサンブル予報」という。計算された結果のばらつきで予報の信頼度を知ることができる。ばらつきが大きければ予報の信頼度が低く，ばらつきが小さければ予報の信頼度が高い，ということになる。

2章　演習問題

2.1　地球が温暖化していることを示している客観的な観測データにどのようなものがあるかを調べ，それらのデータから推測される地球温暖化の原因を説明しよう。

2.2　近年，特に大都市圏で極めて短時間に局所的な豪雨が発生する事例が見られる。大都市圏の特徴と，そこでの大気の状態から豪雨の発生原因を説明しよう。

2.3　黒潮の大蛇行によって，日本の漁業では具体的にどのような魚種に対して影響があるのかを調べよう。

2.4　天気予報ではスーパーコンピューターを用いたシミュレーションが活用されており，シミュレーションでは地球大気を細かいメッシュに分割して大規模な計算を行っている。具体的にどれくらいの大きさのメッシュに分割されているのかを調べてみよう。

3. なぜ太陽は輝くのか？

地球上の生命体のエネルギーの源である太陽。この太陽のエネルギー源を物理学的に説明できるようになったのは，20世紀になってからのことである。太陽をはじめとする恒星がエネルギーを生み出すしくみとその進化の過程をたどってみよう。

3.1 太陽のエネルギー源を探る

太陽が光や熱を放っていることは古代から知られていたが，その源が明らかになったのは，1907年に質量とエネルギーに等価性があることを唱えたアインシュタイン（Albert Einstein）の登場まで待たねばならなかった。

太陽のエネルギー源について，いろいろな考察が行われてきた。古代ギリシャの哲学者アナクサゴラス（Anaxagoras）は太陽が「燃え盛る巨大な石の塊」であり，月は太陽の光を受けて輝くと考えたが，太陽神を冒涜したとして不敬罪に問われ，アテナイを追われたという。

19世紀中頃までには，太陽が化学的な反応によって燃えているという考え方は否定される。これは石炭などの燃料が燃焼によって光や熱を放出すると仮定した場合，およそ5,000年程度で燃料が枯渇してしまうことが明らかになったからである。

太陽の構造が理論的に研究され始めた19世紀中頃には，重力による位置エネルギーの解放[1]が太陽のエネルギー源であると考えられ，ヘルムホルツ（Herman von Helmholts）は太陽そのものが収縮することで重力による位置エネルギーを解放して光や熱のエネルギーに変えられていると考えた。この頃，太陽はガスでできているとは考えられておらず，滞留する液体の球であり，太陽は少しずつ冷やされることで収縮すると考えられていた。このようなメカニズムでエネルギーが生み出されるとすれば，太陽が非常に長い期間にわたって一定のエネルギーを放出すると仮定することで太陽の寿命を計算することができる。その結果，太陽の年齢は10^7年程度となり，当時考えられていた地球の年齢よりもはるかに短くなってしまう。

太陽がガス球として考えられるようになったのは19世紀終わり頃のことで，レーン（Jonathan Homer Lane）は太陽が理想気体のように振る舞うと仮定し，流体力学的な平衡と質量保存則から太陽の密度や温度，圧力が半径とともにど

[1] 遠方から天体の中心に向かって重力に引かれて落下する物質は，重力によって仕事をされて速度が大きくなり，運動エネルギーを得る。このことを重力エネルギーの解放という。解放された重力エネルギーは物質同士の衝突などによって最終的に大部分が熱エネルギーに変わる。

のように変化するかを考察したが，観測事実を再現することはできなかった。

その後，エディントン(Arthur Eddington)が恒星内部の構造を理論的に考察し，1920年に恒星のエネルギー源が水素からヘリウムへの核融合によるものであることを示唆した。この段階では，水素からヘリウムになる詳細な過程が明らかにされていたわけではなかったが，1939年にどのようにヘリウム原子に融合されるのかを説明した「陽子－陽子連鎖反応」が明らかにされたことで，恒星では非常に効率的に水素からヘリウムに核融合され，その際にエネルギーを効率的に生産できることが決定的になった。

私たちの身の回りの物質の変化は，ほとんどが化学反応による変化である。化学反応は反応の前後で原子の組み合わせのパターンが変化するもので，たとえば，

$$HCl + NaOH \longrightarrow H_2O + NaCl \quad \text{(酸と塩基の中和反応)}$$
$$CH_4 + O_2 \longrightarrow CO_2 + 2H_2O \quad \text{(メタンの燃焼)}$$

などがある。核融合反応と化学反応とはまったく異なるものである。

3.2 太陽からやってくるもの

太陽は地球のあらゆる生命を支えるエネルギー源である。太陽は可視光線や紫外線，赤外線(熱)といった電磁波のほか，陽子や電子など高温で電離した粒子[2]からなる太陽風を放出している。

これらのうち，最も馴染み深いものは可視光線で，私たちが眼で認識できる情報で，電磁波の一種である。紫外線や赤外線，X線や電波も電磁波であり，これらは波としての性質をもつ。電磁波は波長の違いによって特有の性質をもち，波長によって電磁波が区分されている(図3.1)。図には振動数(ν[Hz])も記されており，Hzは1sの間に振動する回数を示している。第1章で触れたとおり，波の山(あるいは谷)と山(あるいは谷)の距離を波長(λ[m])というが，電磁波は光速cで伝わるため，電磁波の波長と振動数には$c = \lambda\nu$の関係がある。

[2] 気体の温度を上げていくと，陽イオンと電子に分離した状態になる。このような電離した気体を「プラズマ」と呼び，固体・液体・気体に次ぐ物質の第4の状態である。

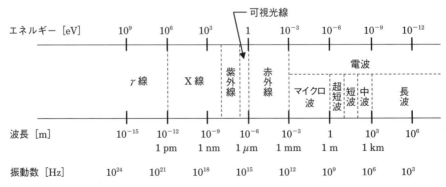

図3.1　電磁波の区分

波長によって電磁波の呼称が定められているが，それぞれの境界が明確になっているわけではない。

3.2 太陽からやってくるもの

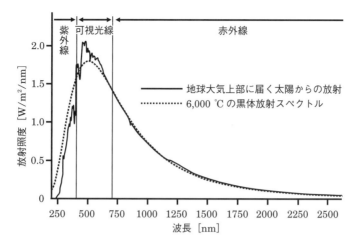

図 3.2　太陽から地球に届く電磁波について，波長ごとの強度を示したもの
太陽からは可視光線の領域の電磁波が最も強く地球に届いていることがわかる。

　太陽からはあらゆる種類の電磁波が放射されるが，そのなかでも可視光線の電磁波が最も強く放射されている（図 3.2）。どの領域の電磁波が最も強力に放射されるのかは，その物体の温度で決まる。太陽の表面温度はおよそ 6,000℃であり，その温度ではどのような恒星でも可視光線を最も強く放射する。最も強く放射する電磁波は温度が高いほど短波長，温度が低くなるほど長波長となる（8 章コラム 16 参照）。

　一方で，太陽から届いた電磁波がすべてそのまま地球表面に届くわけではない。図 3.3 は，太陽から放射された電磁波が，地表に届くまでにどの程度が吸収されるかを示している。電磁波を吸収しているものは地球大気であり，大気は可視光線や電波をほぼ完全に透過させるが，ガンマ線や X 線，紫外線などは透過させない。現代の天体観測でハッブル宇宙望遠鏡や，後継機のジェイムズ・ウェッブ望遠鏡などを宇宙空間に打ち上げて観測するのは，このような大気に妨げられることなく，幅広い波長の電磁波を観測できるという利点があるためである。

　太陽が放射する幅広い電磁波のうち，地球大気は可視光線をほぼ完全に透過させ，γ 線や X 線，紫外線などを透過させにくい性質がある。太陽が可視光線の領域の電磁波を最も強く放射し，地球大気が可視光線を透過させているという環境で，私たちヒトをはじめとする多くの動物種が主に可視光線を認識できたり，植物が光合成に可視領域の波長の光[3]を効率的に用いたりしている。このことは，生物が存在する環境に適応しながら進化したことを示しており，多くの研究機関が行っている地球外生命体の探査で，太陽系外惑星の中で地球に似た天体を探していることは効率的な方法であるとも考えられる。

　2024 年 6 月時点で 6,000 個を超える太陽系外惑星が見つかっている。これらの太陽系外惑星のすべてが詳細に調べられているわけではないが，地球外生

[3] 青い光の領域（400–500 nm）と赤い光の領域（600–700 nm）の電磁波を光合成に利用している。

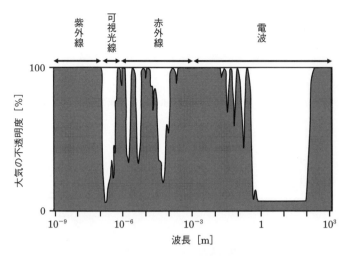

図 3.3 波長と大気の不透明度の関係

太陽から届く電磁波が，波長ごとに大気でどれだけ吸収されるかを示したもの。大気は可視光線・赤外線の一部・電波の領域の電磁波を透過させるが，紫外線などは地表まで到達せず，大気に吸収されていることがわかる。
NASA のウェブサイト State-of-the-Art of Small Spacecraft Technology
(https://www.nasa.gov/smallsat-institute/sst-soa/soa-communications/) を改変

命体の探索には上記のような条件に加えて，中心にある恒星から「水が液体で存在できる領域」に位置する惑星が詳細な研究の対象となる。

コラム 3

核反応と実社会への応用

　私たちの身の回りで起こり，実際に目に見える反応は化学反応である。核融合と核分裂は核反応と呼ばれるが，高密度，高温度の環境でなければ生じない。恒星のどこでも核融合が起こるわけではなく，中心部のごく限られた領域でのみ，核融合が生じる。核融合を起こすためにはプラズマをつくらなければならないが，このプラズマを高温の状態のまま，長時間にわたって閉じ込めるための研究が行われている。重水素と三重水素の核融合反応で生じた中性子を利用する発電を目指した研究が行われているが，実用化には至っていない。
　一方で核分裂はすでに原子力発電で実用化されており，現在は原子炉の冷却に塩化ナトリウムやフッ化物塩など固体の塩を用いた「溶融塩炉」や，建設費を削減できる「小型モジュール炉」などの開発が進められている。溶融塩炉はエネルギー効率に優れているほか，原子炉がメルトダウンすることがなく，安全性が高いとされる。小型モジュール炉は，可能な限り工場で原子炉周りの部品を組み立てて建設現場に輸送するもので，建設現場での工程を減らし，建設費の上昇を抑えられるとされる。

3.3 太陽の中心部で起こっていること

太陽の中心部で核融合が起こっていることはすでに述べたが，具体的にどんな現象なのかを述べよう。

太陽の中心部は1,500万℃を超え，10^{15} Pa[4]を超える超高温・超高圧が実現しており，水素の原子核(陽子)がヘリウムの原子核へと変化する。このような環境は地球の自然界には存在しない。地球の自然環境で生じる物質の生成は，反応の前後で原子や分子の組み合わせが変化する化学反応で，原子の種類そのものが変わることはない。原子の種類が変化する反応には，より重い原子が生成される**核融合**，原子核の分裂によって2つ以上の原子核に分かれる**核分裂**があるが，これらの反応は地球上では原子炉など特殊な状況でのみ生じる。

太陽中心部での核融合反応は，4個の陽子から1個のヘリウム原子核が生じる。核反応式で表すと，

$$4\,\mathrm{H}^+ \longrightarrow \mathrm{He}^{2+} + エネルギー$$

となる。この反応でエネルギーが生じる原理は，アインシュタインによって明らかになった「質量とエネルギーは等価である」ことで説明できる。4個の陽子から1個のヘリウム原子核が生成されるとき，ほんのわずかではあるが質量が減少(質量欠損)する。この質量差がエネルギーとして放出され，太陽のエネルギー源となっている。質量(m)とエネルギー(E)は光速(c)を介して

$$E = mc^2$$

という関係になっている。

4個の陽子から1個のヘリウム原子核がつくられると述べたが，陽子から直接ヘリウム原子核が融合されるわけではなく，段階的に生成される。順を追って説明すると(図3.4)，

[4] Pa(パスカル)は圧力の単位で，$1\,\mathrm{m}^2$に1Nの力がはたらくときの圧力を1Paとする。地球の海面での大気圧(標準気圧)は101,325 Paと定められている。

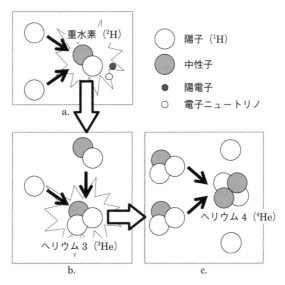

図3.4 太陽中心部での，陽子からヘリウムの原子核を生じる核融合の過程

5) 反電子ともいう。質量は電子とまったく変わらないが，電荷が +1 となっている。このように質量は同じでも電荷の正負が逆になっているものを反物質という。

6) 電荷は 0 で，ごくわずかな質量をもっている素粒子。ニュートリノには電子ニュートリノ，ミューニュートリノ，タウニュートリノの 3 種類が存在する。

(a) 2 個の陽子が衝突すると，1 個の陽子が中性子に変わる場合がある。すると 1 個の陽子と 1 個の中性子が結びつき，重水素（^{2}H）の原子核になる。このとき，陽電子[5]と電子ニュートリノ[6]が放出される。

(b) この重水素に，さらに 1 個の陽子が衝突して融合し，ヘリウム 3（^{3}He）が生成される。

(c) ヘリウム 3（^{3}He）同士が衝突し，安定なヘリウム 4（^{4}He）の原子核になる。このとき，余分になった 2 個の陽子が放出される。

4 個の陽子から 1 個のヘリウム原子核が生成された結果，もとの質量のおよそ 0.7% が失われる。この質量が光のエネルギーとして放出されることになる。わずか 0.7% ではあるが，太陽には膨大な量の水素が存在し，毎秒およそ 6,200 億 t もの水素が消費されてヘリウム原子核へと核融合されているため，放出されるエネルギーも莫大なものになる。

3.4 恒星の一生

身近に存在する太陽を見れば，将来もこれまでと同じように永遠に輝き続けるかのように思ってしまうが，残念ながらそのようなことはない。太陽の中心部で行われている核融合を起こす水素が少なくなっていくためである。

太陽など核融合を起こして輝く星はガスから生まれ，非常に長い時間をかけて変化するが，これを生物が長い期間にわたって世代を超えて姿を変えることと同様に**進化**という。

ここからは太陽のような恒星がどのように生まれ，どのように変化していくのか，つまり「恒星の進化」を考えよう。

┌─ コラム 4 ─

重　力

質量をもつものは互いに引き合う力を生じ，この力を万有引力という。万有引力の大きさは質量に比例し，物体間の距離の 2 乗に反比例する。重力の大きさ F は，G を重力定数（万有引力定数），2 つの物体の質量をそれぞれ M と m，2 つの物体間の距離を r として，距離が増加する方向を正にとれば，次の式で示すことができる。

$$F = -G\frac{Mm}{r^2}$$

物理学や天文学では，この万有引力を重力という。私たちの身の回りにはたらいている力は，もとをたどれば重力あるいは電磁気力で説明できるが，重力と電磁気力との大きな違いは，重力には「反発する力」がないことである。

3.4 恒星の一生

図 3.5 オリオン大星雲（M 42）

中心部の明るい部分はトラペジウムと呼ばれ，若い星が集まっている部分であり，盛んに星が形成されている領域である(2023 年 10 月 27 日に撮影)。

3.4.1 ガス雲の収縮

星と星の間の宇宙空間には物質が何もないわけではなく，密度の低いガスと微粒子が存在し，これらを**星間物質**という。星間物質は質量比で水素がほぼ 75%，ヘリウムが 25% となっており，ほかに炭素，酸素，ナトリウムなど重い原子がわずかに存在する。全体で 1% 程度となる質量の微小粒子も存在し，これは**星間塵**と呼ばれている。星間塵の組成はケイ酸化合物と水などが混じったもので，煙に含まれる粒子と同じ程度という非常に小さいものである。

これらの星間物質は宇宙に均一に分布しているわけではなく，場所によって濃淡がある。星間物質の密度は 1 cm^3 あたり原子が 0.1〜1,000 個と非常に幅広いが，いずれにしても地球上で人工的に作り出す真空よりは密度が低い。

質量をもつ物質は，その重力によって周囲の物質を引き寄せる。引き寄せられるとさらに質量の大きな塊となり，さらに強い力で周囲の物質を引き寄せる（**重力収縮**）。こうして長い時間をかけてガス分子の密度が大きくなる場所が生まれてくる。分子が集まって存在しているところを**星間分子雲**と呼び，1,000 個/cm^3 ほどの分子密度をもつ領域で，この段階では −263 ℃ という非常に冷たい領域である。星間分子雲でさらに重力収縮が進むと，密度はどんどん高くなり，10^4〜10^5 個/cm^3 のガス分子が大量に存在している分子雲となり，これを**分子雲コア**と呼ぶ。その一例として，鳥が羽を広げた形に見えるという，よく知られたオリオン大星雲(M 42)を図 3.5 に示す。

3.4.2 原始星の誕生

分子雲コアから恒星が誕生するまでの模式図を図 3.6 に示した。分子雲コアの重力収縮が進むと，中心部の温度は 10^5 ℃ ほどへと上昇する。分子には運動

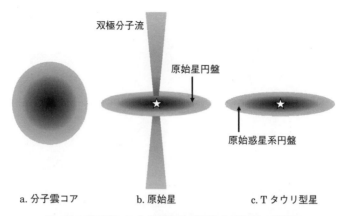

図 3.6 分子雲コアから原始星が誕生する過程の模式図
形成された原始星円盤からは極方向に双極分子流というガスの流れが観測されている。

の回転成分があり，この回転の運動量は保存されることから，分子雲全体もゆっくりと回転することになる．分子雲コアの中心部へ向かって，ガスが回転しながら落下する際に解放された重力エネルギーが，電磁波のエネルギーを強く放出するようになる．この段階を**原始星**と呼ぶが，原始星は中心部の温度がまだ低すぎ，太陽のように核融合を起こすことはできない．原始星は重力収縮をさらに進めることになるが，この段階は周辺の大量のガスが原始星を取り巻いているため，原始星を直接観測することはできない．

原始星の収縮が進むと，周辺を取り巻いていたガスが減少し，可視光線で直接観測できるようになる．この段階を **T タウリ型星** と呼び，中心部で核融合を行う直前の状態の天体である．タウリ (Tauri) とはおうし座のことで，この段階にある天体としておうし座 T 星という天体が最初に確認されたために，このような名前が付けられた．T タウリ型星は恒星の一生のうちで非常に活動的な段階であり，星の表面から外側に向けて強力な恒星風を放出し，周辺のガスをさらに減少させていく．また，T タウリ型星の特徴として，他の星に比べてリチウムが大量に含まれていることが観測されている．リチウムは 2.5×10^6 ℃ で核融合反応を起こしてしまうため，T タウリ型星で観測されるリチウムは宇宙誕生の初期につくられたものであると考えられている．

T タウリ型星の周辺には，回転によってガスが回転の赤道面に集まって円盤状に取り囲んでいる構造 (図 3.7) と，円盤の上下方向に噴き出しているガス (双極分子流) を観測できる場合がある．このような円盤からは，条件によって惑星が形成されることから**原始惑星系円盤**[7]と呼ばれている．

[7] 惑星系の形成については，5 章で扱う．

3.4.3 主系列星

典型的には T タウリ型星として 1 億年が経過すれば，中心部の温度が 10^7 ℃ に到達し，核融合がはじまる．太陽のエネルギー源で説明した，水素をヘリウ

3.4 恒星の一生

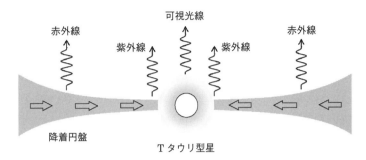

図3.7 Tタウリ型星とその周辺に形成される円盤構造を示す模式図
中心にあるTタウリ型星は自転しており，自転軸に垂直な方向に降着円盤が形成される。円盤の回転軸を含む断面を示している。

ムへと核融合する段階である。この段階にある天体を**主系列星**と呼び，星の一生のうちで最も長い期間である。現在の太陽はこの段階にある。主系列星は水素の核融合の速度がほぼ一定であるために，安定的なエネルギー放出を行っており，そのために私たち生物は地球上で長い期間，生存できている。

この主系列星として輝き続ける時間（寿命）は，その天体の質量のみによって決まる。質量が小さければ水素を消費する速度は小さく，そのため寿命は長くなり，質量が大きければ水素を消費する速度が大きくなり，寿命は短くなる。

恒星の研究は最も身近な太陽を研究することでさまざまな成果が得られており，宇宙物理学では天体の特性を太陽の物理量を単位として考える。恒星の質量と主系列星として輝き続ける時間の関係を表3.1に示す。これによると太陽の寿命は100億年であり，現在の太陽はすでに46億年を経過していると考えられているため，ちょうど折り返し地点にあるということになる。

現在の太陽の組成の質量比は，中心部で水素が35%，ヘリウムが63%で，表面は水素が70%，ヘリウムが28%である。主系列星で核融合を起こしているのは，超高温・超高圧を実現できる半径2割以内の中心部のみであり，それ以外のところでは温度が低いため，核融合反応は起こらない。今後，太陽も水素の核融合を続けても，すべての水素を核融合に使うわけではなく，表面付近に残された大量の水素は使われないまま残される。

表3.1 恒星の質量と主系列星として輝く時間の関係

質量（太陽質量を単位とする）	主系列星として輝く時間
0.8	200億年
1	100億年
2	10億年
5	1億年
15	1,000万年
120	300万年

3.4.4 赤色巨星

中心部の水素を使い切り，ヘリウムになってしまうと，さらに外側にある水素の領域に核融合の場所が移動する。この場所ではさらに激しい核融合を起こすため，星の半径は膨張し表面温度は低くなる。この状態が**赤色巨星**である。

赤色巨星の中心核にはヘリウムが大量に存在する(ヘリウムコア)が，この初期の段階でヘリウムコアの温度は $10^{7.5}$ ℃であり，ヘリウムが核融合する温度(10^8 ℃)になっていない。そのため，ヘリウムコア自体は核融合で生じる外向きのエネルギーを失い，原始星のときと同じように重力によって収縮していく。中心核の温度がヘリウム燃焼を起こすほどに高くなれば，再び中心核で核融合がはじまる。

3.4.5 主系列星の誕生

赤色巨星の後は，その星の質量によって最終的な運命が異なる。星の質量を区分して，何が起こるかを示す。

(1) 太陽質量の8倍未満

赤色巨星となり，ヘリウムの核融合によって生じたベリリウム 8(^{8}Be)とヘリウム 4(^{4}He)が核融合して炭素 12(^{12}C)や酸素 16(^{16}O)を生成する。太陽質量の8倍未満の星では，核融合で生じた原子核が帯びている，正の電荷による電磁気力の反発力に打ち勝つ力を中心核につくり出すことができず，それ以上に核融合は進まない。

赤色巨星の段階で星の外層部分は重力を振り切って宇宙空間に放出されていくが，やがてこの質量範囲の星の中心部には炭素 12(^{12}C)や酸素 16(^{16}O)を成分としたコアが残される。このようにガスが放出されている天体が観測されており(図 3.8)，**惑星状星雲**と呼ばれる[8]。惑星状星雲は中心の天体が放射する紫外線によって放出されたガスが光を発しているが，やがて中心の天体の温度が下がれば，紫外線も放射されなくなり，惑星状星雲も見えなくなっていく。

中心部に残された炭素 12(^{12}C)や酸素 16(^{16}O)のコアは，**白色矮星**と呼ばれる。典型的には質量が太陽程度で，大きさは地球と同程度である。そのため平均密度が大きく，$1\,\mathrm{cm}^3$ あたりの質量が $10^3\,\mathrm{kg}(1\,\mathrm{t})$ もある。

(2) 太陽質量の8倍以上30倍未満

質量が太陽の8倍以上という大質量の星は劇的な変化を起こす。大質量の星は，赤色巨星の中心部でつくられた炭素を安定的にさらに核融合させることができる。水素からヘリウムが生成され，ヘリウムが重力収縮して再び核融合する過程にならって順に重い原子核が生成されるため，重い原子核が生成された赤色巨星では軽い原子核が外側に，重い原子核が中心部になるようなタマネギ状にいくつも重なった構造になる(図 3.9)。

大質量星の中心核では最終的に鉄 52 (^{52}Fe) までの原子核が合成され，星の

[8] このような天体を小さな望遠鏡で観測していた当時，惑星のように見えていたために付けられた名前だが，惑星とは無関係である。

3.4 恒星の一生

図 3.8　惑星状星雲の一例：らせん星雲（NGC 7293）
地球からおよそ 700 光年の位置にあり，中心部には白色矮星が存在している（2023 年 8 月 6 日撮影）。

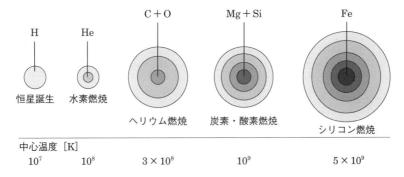

図 3.9　恒星の進化の過程で生じるさまざまな元素と，それらが存在する領域
核融合は中心部でしか起こらないため，核融合に使われなかった原子は周辺に追いやられ，玉ねぎ状の構造となる。

内部で生成される原子核はここまでである。恒星が核融合によってエネルギーを放出することができるのは，核融合によって質量欠損が生じ，その質量分のエネルギーが生じるためであった。しかし，大質量星の中心部で生成された鉄では光分解と呼ばれる現象が起こる。光分解とは，5×10^9 ℃を超える温度で，生成された鉄が周囲のエネルギーを吸収してヘリウムと中性子に分解されてしまうものである。この光分解は 0.1 秒という非常に短い時間で完結してしまう。そのため，重力によって落ち込む星全体を支えていたエネルギーが，鉄の光分解によって吸収されると，中心部の圧力が急速に低下することになる。結果的には星全体が中心部に向かって一気に落ち込み，重力エネルギーが一気に解放される。

この状況で中心核は非常に強い重力によって潰れてしまい，陽子と電子が結びついて中性子に変化し，そのときニュートリノを放出する（$p + e^- \to n +$

ν_e)。中心部全体が中性子に変わってしまい，**中性子星**が残される。典型的な中性子星は半径が 10 km ほどの体積しかもたないが，質量は太陽程度なので，原子核と同じ程度の密度(10^{14} g/cm^3)という高密度な天体である。

解放された重力エネルギーのほとんどは，陽子と電子が中性子に変わる過程で生じたニュートリノによって外側に運ばれ，ごく一部が衝撃波を発生させ爆発を引き起こす。この爆発で星の外層部分は宇宙空間に撒き散らされ，**超新星爆発**が観測される。超新星爆発は周辺のガスの一部を超高温・超高圧な環境にし，鉄よりも重い原子核を次々と短時間に核融合させ，重い原子核が宇宙空間に撒き散らされていく。この状況が超新星残骸として観測されており，たとえば地球から 7,000 光年のところに位置する「かに星雲」がある(図 3.10)。かに星雲を形成するガスは時間とともに広がっていることが観測されており，長い期間が経過すれば，かに星雲はやがて見えなくなってしまうはずである。地球上には鉄よりも重い原子が大量に存在しているが，これはかつて超新星爆発によって生じた重い原子が，太陽を形成したガス分子に含まれていたことを意味している。

超新星爆発は宇宙で最も激しい現象の一つであり，銀河中に観測されれば銀河全体を明るくするほどであり，銀河系内で発生した場合は日中でも観測できるほど明るくなる。たとえば図 3.10 のかに星雲のもととなった超新星爆発は 1054 年に発生したものであると考えられているが，この超新星爆発は中国の『宋史』に客星(突然出現する星のこと)として記録され，日本でも藤原定家の『明月記』に引用されている。歴史的な書物や記録から当時起こった天体現象を研究する天文学の分野を**古天文学**という。

図 3.10　かに星雲(M 1)(©NASA and the Space Telescope Science Institute)
地球からおよそ 6,500 光年の位置にあり，1054 年に起こった超新星爆発の残骸であり，現在も膨張を続けている。中心部には中性子星が存在する。写真はハッブル宇宙望遠鏡に搭載された Wide Field Planetary Camera 2 で撮影されたもの。

3.4 恒星の一生   39

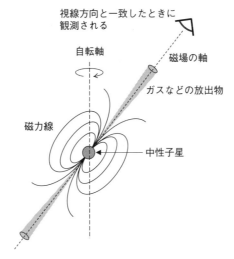

図 3.11 周期的な現象を示すパルサーの模式図
両極から放出される絞り込まれた電磁波は，中性子星の自転と同期した電磁波として地球から観測される。

　中性子星は**パルサー**と呼ばれる規則的な電磁波を放射する天体として観測されることがある。かに星雲の中心にある中性子星は毎秒約 30 回で自転しており，電磁波を放出している。中性子星が強い磁場(典型的には 10^{12} G)をもち，高速で自転(典型的な周期は 0.1〜10 s)すると電磁気力が生じ，中性子星周辺のプラズマが加速される。プラズマの加速は X 線などの電磁波を生じ，磁場に沿って観測される。自転軸が磁場の軸と傾きがあると自転周期と同期した電磁放射が観測されることになる(図 3.11)。

(3) 太陽質量の 30 倍以上

　質量が太陽の 30 倍以上の星も超新星爆発を起こすが，中心部にはブラックホールが残されると考えられている。**ブラックホール**は SF などによく登場する天体で，実在しない空想の天体と思っている人もいるようだが，観測的にもブラックホールでなければ説明できない現象も明らかになっている。そのような一例は連星系で星が回転する周期である。
　太陽のように単独の恒星として存在しているものは半数以下しかないと考えられており，恒星の多くは 2 個以上の星が共通重心の周囲を回転している連星系として存在している。たとえば太陽に最も近い恒星のケンタウルス座 α 星は三重連星であり，全天で最も明るいシリウスも二重連星である。このような連星を構成している天体を**連星系**と呼ぶ。
　ブラックホールの候補天体と考えられているものに，はくちょう座 X-1 がある。これは強力な X 線を放射する天体で，HD 226868 と呼ばれる青色の巨星(青色超巨星)と連星系を構成している。HD 226868 の質量は太陽の 30 倍の質量をもつと理論的に考えられ，連星系の運動からはくちょう座 X-1 の質量は太陽質量の 10 倍ほどと推定されている。この系からは 0.1〜0.001 s という非常

に短い時間の X 線放射の変動が観測され，この変動を説明するためには，天体の大きさが 300 km ほどという小さなものでなければならない。小さな天体でありながらも質量の大きな天体は白色矮星か中性子星となるが，白色矮星は太陽の 1.4 倍の質量を超えることは理論的に考えられず，中性子星も太陽質量の 3 倍を超えることは考えられない。非常に小さな天体で，質量が太陽の 10 倍ほどという天体となるとブラックホールでしかあり得ない，という結論になった。その後，詳細な観測事実の解析により，はくちょう座 X-1 の質量は太陽質量のおよそ 21 倍であると推定されている。

3 章　演習問題

3.1　化学反応と核反応の違いについて，それぞれの反応を引き起こしている原子の構成要素を明確に示しながら説明しよう。

3.2　地球の大気は宇宙から届く電磁波をすべて透過させていない。このことは観測天文学や宇宙物理学にとっては大きな問題になるが，なにが問題なのだろうか。また，この問題を克服するためにはどのような方法があるか，考えよう。

3.3　恒星はその質量によって最終的な運命が異なることを説明した。質量に依存する恒星の運命を簡単な図に表してみよう。

3.4　歴史書には自然現象を克明に示したものも多く，1054 年の超新星爆発が『宋史』に記録されていることを本文で紹介した。歴史書に記された天体現象にどのようなものがあるのか調べてみよう。

コラム 5

同 位 体

　元素の種類は現在のところ 118 種類が確認されており，元素は原子の中の原子核に何個の陽子が含まれているかで決まり，この数字は原子番号と一致する。原子核は陽子と中性子で構成されていて，同じ原子番号でも中性子の数に違いがあることがある。これらのことを**同位体**といい，福島第 1 原発の処理水のニュースではトリチウムが話題になっている。

　トリチウムは元素の名前ではなく，水素の同位体の一つである。水素の同位体には軽水素(陽子 1 個，中性子 0 個)，重水素(陽子 1 個，中性子 1 個)，三重水素(陽子 1 個，中性子 2 個)がある。ほかにニュースなどに出てくる同位体には，年代測定に使われる炭素 14(陽子 6 個，中性子 8 個)や，PET 検査に使われるフッ素 18(陽子 9 個，中性子 9 個)などがある。

4. なぜ空と海は青いのか？

毎日の生活の中で、空の色が青いことや海の色が青いことは当たり前と感じているかもしれない。日常的には当たり前のことでも、その理由を科学的に考えてみることで、自然科学の法則を知るきっかけになる。

4.1 ものに色がついて見えるわけは？

太陽から地球に到達する電磁波のうち、私たちが目で認識できる範囲の電磁波を**可視光線**といい、太陽から届いた可視光線は白色光である。この白色光はさまざまな波長の光が混じったものであることはすでに述べた。つまり太陽光にはさまざまな波長の光が含まれている。光の波長はその性質に影響を及ぼし、そのおかげで私たちはさまざまな現象を目にすることができる。空が青い色をしている理由を考える前に、太陽から到達した白色光から、私たちのまわりにあふれるさまざまな色の世界を目にできるしくみを説明してみよう。

リンゴは熟しはじめると表皮の細胞にアントシアニンと呼ばれる色素がつくられ、白色光のうち赤色以外の光を吸収し、赤色の光を反射する。その反射した光が目に届けば、赤いリンゴであると認識できる（図4.1）。網膜の細胞は目に入ってきた光の波長に応じて電気信号の刺激を生じ、脳がその刺激に応じて対応する波長の光を赤と認識させている。

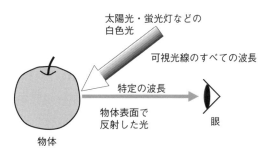

図4.1 物体表面で反射した光によって色を認識する例
リンゴの表面の物質は、白色光のうち特定の波長の光を吸収・反射し、反射した波長の光が私たちの網膜に届き、色として認識される。

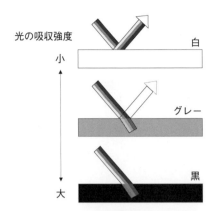

図 4.2 グレーを認識するしくみ
白色光が「特定の波長に偏ることなく」吸収・反射される度合いをグレーの濃淡として認識する。

　私たちの目に届く光は，物体の表面から目に入ったものである．さらにその表面から届く光は，もともとは太陽光（あるいは蛍光灯からの白色光）である．物体の表面に届いた白色光が物体表面で反射するとき，特定の波長の光が吸収され，それ以外の波長の光が反射される．どの波長が吸収されるかは物体表面を構成する物質の特性である．一般に特有の色を示す物質は**色素**と呼ばれ，非常に多様な種類があり，さきほどのアントシアニンや緑色植物の緑色を示すクロロフィル，トマトの赤色を示すリコペンなどがある．

　ここまで理解できれば，無彩色と呼ばれる白く見える物体や黒く見える物体についても，その色が見える原理を説明できるだろう．白く見えるものは，その表面ですべての波長の光を反射することにより，そう見える．一方，黒く見えるものは，その物体の表面ですべての波長の光を吸収してしまい，私たちの目に届く光がない状態を黒として認識する．光源のない部屋では何も見えないのはそのためである．無彩色には白と黒の間に，グレーと呼ばれる**色調**も存在するが，これはどのように説明できるだろうか（図 4.2）．白はすべての波長の光を完全に反射する状態，黒はすべての波長の光を完全に吸収する状態であると考えれば，すべての波長が「特定の波長に偏ることなく」吸収・反射される度合いを，私たちはグレーの濃淡として認識している．もし，「特定の波長に偏って」光が物体の表面で吸収・反射されれば，無彩色にはならず，赤や青などの有彩色として認識することになる．

　ここまで説明したのは光を反射する事例であるが，特定の波長の光を透過させることで色を認識する場合がある．例としてステンドグラスで説明する（図 4.3）．ステンドグラスの向こう側に白色光の光源があるとき，色のついたガラスが特定の波長の光を透過させ，それ以外の波長の光を吸収する．このようにして私たちは透過した波長の光の色を認識できる．

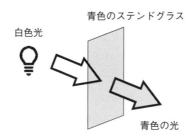

図 4.3 ステンドグラスを透過する光によって色を認識する例
ステンドグラスの色は，ガラスが透過させた波長の光が目に入ることで色を認識する。

4.2 色は温度にも関係する？

物理学では**黒体**と呼ばれる仮想的な物体を考えることがある。黒体とは「すべての波長にわたって電磁波（光）を完全に吸収し，その温度に対応した電磁波を放出できる」理想的な物体をいう。夜空の恒星は，その表面温度によって色が決まっており，青みがかって（例：プレアデス星団の星々）いたり，赤みがかって（例：オリオン座のベテルギウス）いたりする。あるいは，製鉄所の溶鉱炉で鉄は液体になっているが，融けた鉄は低温では暗赤色，高温では白っぽい色というように，物体の温度と光の色の間には，物理学的な法則が存在する。この法則性を明らかにする上で，黒体という考え方が必要である。

化学で理想気体（気体を構成する分子の大きさがなく，分子間力がはたらかないという仮想的な気体）を学んだことと思うが，実在する分子は大きさをもつため，理想気体は存在しない。しかし，気体の物理学的な性質を学ぶ上で，

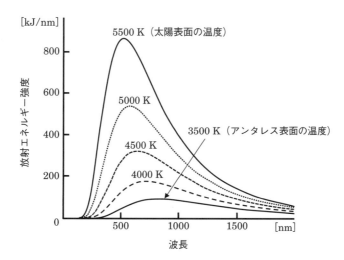

図 4.4 特定の温度で黒体から放射される波長とその強度の関係を示したもの
黒体の温度が高くなるにつれて，強度のピークが短波長側にずれていく。アンタレスはさそり座にある恒星で，赤く輝いており，さそりの心臓にたとえられている。

1) これを方程式で表すと、$PV/T=k$(一定)となる。

ボイル＝シャルルの法則(質量が一定のとき、気体の圧力 P は体積 V に反比例し絶対温度 T に比例する[1])に完全に従う理想気体を考えることは非常に有効である。圧力が十分に低く、かつ温度が十分に高ければ、実在する気体の振る舞いは理想気体の振る舞いに非常に近くなる。これは圧力が低い(0 に近づく)と分子同士の衝突が起こらず、分子の体積を無視できるようになり、温度が十分に高ければ、分子の運動が激しくなって分子間力を無視できるようになるためである。

同様に、黒体は理想的なモデルとして利用される。技術的に完全な黒体をつくり出すことはできておらず、カーボンナノチューブの研究の過程で偶然に発見された 99.995% の光を吸収する物質が現在の最も黒体に近い物質である。

2) 図 4.4 では、温度を絶対温度、単位は K(ケルビン)で示している。日常的に使われる摂氏温度 t[℃] と絶対温度 T[K]は、$T=t+273.15$ の関係がある。

黒体はすべての波長の電磁波を吸収する一方で、黒体の温度に応じた電磁波を放出する。このときに放出される電磁波の波長とその強度の分布をプランク分布(図 4.4)と呼び、黒体の温度[2]が高くなるに従って、放射される電磁波のピークが短波長側にずれていく(ウィーンの変位則)。このことから、低温の鉄は黒い色を示すが、1,000℃ほどで赤色を示し、さらに温度を高くすれば黄色みがかった色を示すことを理解できる。

4.3 空はなぜ青いのか？

ここまで色について説明すれば、空が青い理由を考えられるだろうか。空の青さを説明するためには、もう一つ、波の性質を説明しなければならない。

地球の空には大気があり、大気は窒素：酸素が体積比で 4：1 の組成である。大気中での窒素や酸素は分子(2 原子分子)となって存在し、大気中にはそれ以外にも微粒子が大量に存在している。太陽から地球には、可視光線以外にもさまざまな波長の電磁波が届いているが、これらについては改めて説明することとして、ここでは可視光線に着目して説明を続けよう。

3) ガラスなど透明な物質で作られた光学機器で、三角柱などの形をしている。光がプリズムを通過するとき、光の進路が変わる(屈折、反射など)ことから、望遠鏡やカメラ、光ファイバーなどさまざまな製品で利用されている。

太陽から届いた可視光線をプリズム[3]に通すと虹の色に分解され、私たちの目では赤・橙・黄・緑・青・藍・紫を認識することができるようになる。実際の太陽光は、これらのすべてが混じったものである。なお、日本では虹を 7 色と認識するが、アメリカでは 6 色、ドイツでは 5 色、台湾では 3 色などのように認識する色の数が異なっている。これは色の認識にはその国や民族の文化が密接に関係しているためと考えられており、「どんな色が見えているか」というよりは、「どんな色を見ようとしているか」ということだという。日本人がいかに豊かな色彩感覚をもっているかを認識できる事例である。

色の違いは、光の波長の違いを認識していることはすでに述べたとおりだが、波長が違うと物理学的な性質も異なる。波長が短い光(虹では紫に近いほう)ほど、空気中の分子に当たったときに散乱しやすく、波長の長い光(赤に近いほう)ほど空気中の分子に当たりにくい。散乱とは、光が当たったとき、その光を吸収すると同時にその光を四方八方へと放出する現象をいう。

4.3 空はなぜ青いのか？　　　　　　　　　　　　　　　　　　　　　　　　　45

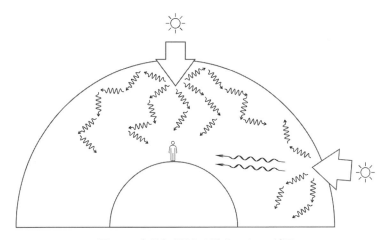

図 4.5　空が青く見える説明のイメージ図

太陽が高い位置にあるとき，波長の短い青い光は大気中の塵などの微粒子に散乱され（レイリー散乱），空全体に広がり，それらの短い波長の光が目に入るため，青く見える。朝や夕方など，太陽が低い位置にあるとき，太陽からの光は日中に比べて，大気中のより長い距離を通り抜けることになる。波長の短い光は散乱を受けて少なくなっており，塵などの影響を受けにくい波長の長い光が目に入るため，赤や橙の色を強く感じる。

太陽光が大気を通過するということは，分子や微粒子の中を進むことであり，その途中で分子や微粒子に衝突する。光の波長よりもはるかに小さなサイズである原子や分子などの微粒子に衝突し，光が散乱される現象を**レイリー散乱**と呼ぶ。レイリー散乱は波長の4乗に反比例して散乱されやすくなることから，波長が短ければ短い（つまり紫に近い光）ほど散乱されやすくなる。私たちが空を見たときに青く見えているのは，このレイリー散乱によって太陽光のうち波長の短い青い光が微粒子によって散乱され，その散乱した青い光がさらに別の微粒子によって散乱されるという繰り返しが起こり，大気中全体に散乱された光が広がっていくために，青く見えている（図4.5）。

この説明で，朝方や夕方には空が赤く見えることも理解できる（図4.5）。朝方と夕方は，日中に比べると太陽光が大気中を通過する距離が長くなる。その結果，私たちが目にする太陽光は，波長の小さな光はすでに散乱されて少なくなっており，レイリー散乱を受けにくい，波長の長い光（つまり赤に近い光）が地表に届くことになり，私たちは朝焼けや夕焼けを赤や橙の色として認識しているのである。

ここまでの説明で，「波長の短い光の方が散乱されやすいのであれば，空は紫色に見えるのではないか？」という疑問を感じた読者がいるかもしれない。確かに物理学的には青色を示す光よりも，より波長の短い紫色を示す光の方が，レイリー散乱は起こりやすい。紫色を示す光よりもさらに波長の短い紫外線は，さらに散乱されやすいことになる。木陰にいたのに日焼けした経験はないだろうか。あるいは，室内でも日焼けするということを聞いたことはないだろ

うか。たとえ直射日光を浴びなくても，紫外線が散乱されるために日焼けして
しまうのはこの理由である。

　私たちが空を紫色に認識しない理由として，可視光線でより波長の短い光は
かなり上空で散乱しており，そのような光が地表に届く量が減少していること
が考えられる。飛行機で地上より高い場所から空を見ると，地上で見るよりも
紫色の強い空を確認できる。また，他の理由として，人間の網膜の特性がある
とも言われている。網膜の細胞では赤・緑・青の光の三原色の強度をそれぞれ
電気信号に変換し，信号が脳に伝えられて色として認識しているが，紫色を認
識する感度がもともと低いと考えられている。

4.4　海はなぜ青いのか？

　海の色を思い浮かべよう。今，海が見えているところにいれば，より正確な
色を確認できるだろう。天気が良く，太陽光が降り注いでいる海は青く見え
る。しかし，曇り空だったら，海の色は晴れの日と同じような青い色ではない
ことから，空の青さが海の青さに関係しているのではないかと推測できる。こ
のように，疑問が生じたらいろいろな場合を想定しながら，答えを導き出して
いくことが「科学的」な考え方のはじまりで，実験や観察でデータを集めてい
けば，法則性を見出すことができる。この法則性が，科学の理論である。

　さて，海の青色は空の青色が関係しているらしいと考えられ，これは海面が
大気中で散乱された青い波長の光を反射し，その光が私たちの目に届いている
ためである。しかし，それだけが理由ではなく，水そのものにも原因がある。

4.1.1　水の特徴

　水は私たちの生活に最も身近なもので，生物は水が存在しなければ生命を維
持できない。これまで学校の理科をはじめとしたいろいろな教科でも，水がど
れほど重要であるかを学んできたであろう。科学的な視点で水を考えれば，水
は非常に特別な性質をもった化合物でもある。どのようなところが特異的であ
るのか，説明していこう。

4) 1 atm＝1,013 hPa。　　まず，水の三態を考えよう。1気圧[4]のもとで水の温度を変化させれば，0℃
より低い温度で氷(固体)となり，100℃より高い温度で水蒸気(気体)となるこ
とは常識だが，一定の質量の水を温度変化させたとき，氷・水・水蒸気の体積
はどうなるだろうか。図4.6は，温度によって水分子がどのような状態になる
かを模式的に示したものである。水は4℃で最も小さい体積となり，水蒸気に
なると体積は4℃のときに比べて1,700倍になる。また氷になったときも水の
ときより体積が増加し，4℃の水の体積の1.1倍になる。物質の三態を考えた
とき，一般的には固体で最も体積が小さく，液体，気体の順に体積が大きくな
る。固体となったときに体積が増加する(つまり密度が小さくなる)のは水の特
徴である。これは水分子に極性があることで説明される。水分子はその形状

4.4 海はなぜ青いのか？ 47

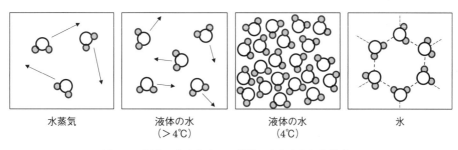

|水蒸気|液体の水
（＞4℃）|液体の水
（4℃）|氷|

図4.6 温度による水分子の状態の変化を示した模式図

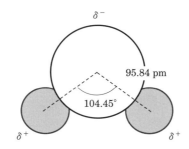

（水素原子と酸素原子の半径の比率は実際と異なる）

図4.7 水分子の構造
酸素と水素の結合角は104.45°で，直線状になっていない。

（図4.7）のために電気的な偏りがあり，＋の電荷をもつ部分（水素原子の付近）と－の電荷をもつ部分（酸素原子の付近）がある．水分子同士が結びつくとき，分子中の酸素は水素原子を間に挟むような形で結びつく．これを**水素結合**といい，水が液体の状態では分子同士をゆるやかに結びつけ（もし極性がなければ，沸点はもっと低くなる），固体の状態では水分子が蜂の巣構造をつくるように結びつくため，固体の水は液体に比べて体積が大きくなる．

氷は水に比べると密度が小さいため，水に浮かぶ．このことは生命体の維持に重要であったとも考えられる．海や湖で氷が水面でつくられ，水底に沈んでしまえば，やがてすべての水が氷となり，水中生物は凍死してしまう．氷は水より密度が小さいからこそ，冬期間や極地であっても水中で生命が存続し，進化できる環境であったと考えられる．

また，水はさまざまな物質を溶かし込むことができ，このことを溶解能が高いという．物質によって溶けやすかったり溶けにくかったりはあるが，たとえば塩化ナトリウムなどのイオン性物質や，エタノールや脂肪酸などの有機物も水に溶ける．さらに無機化合物でもイオンに分解すれば溶かし込むことができる．この性質によって，生物が生命維持のしくみとして血液やリンパ液など水を主成分とする液体を利用して，生物のすみずみにまで血液などに溶かし込まれた栄養分を送り込み，不要となった物質を回収することができる．生命は海

表 4.1 さまざまな物質の比熱（20℃のとき）

物　質	比熱[kJ/kg・K]
水	4.18
エタノール	2.42
ベンジン	1.7
ガラス	0.80
アルミニウム	0.90
鉄	0.47
銅	0.38
鉛	0.13

表 4.2 さまざまな物質の蒸発熱と沸点

物　質	蒸発熱[kJ/kg]	沸点[℃]
水	2250	100
エタノール	393	80.3
ジエチルエーテル	327	34.5
酸素	213	−182.96
窒素	199	−195.8

を起源とすると考えられるが，海水に多様な物質が溶け込んでいたために生命体誕生の環境が整ったと言える。

　さらに，水は比熱が大きい。比熱とは，「1 kg あたりの物質の温度を 1 K 上げるために必要な熱量」をいう。比熱が大きければ，「温めにくく，冷ましにくい」ことになり，比熱が小さければ「温めやすく，冷ましやすい」ことになる。表 4.1 にいろいろな物質の比熱を示している。

　地球大気を構成する物質の中で，水のみが常温で液体となる物質として安定に存在していることから，私たちは水をいろいろな用途に用いている。さらには，水を蒸発させるために必要な蒸発熱は他の物質と比べても際立って大きい。蒸発熱とは「1 kg の液体をすべて気体にするときに必要な熱量」をいい，蒸発するときにまわりからどれだけの熱を奪うかを示すものでもある（表4.2）。水の温度変化を引き起こすために，また水の状態変化を引き起こすためには，非常に多くの熱量が必要であることから，長い生物史の中で水が地球環境の安定化に役立っていると推測される。生物体内部では，水のこのような物性によって温度調整にも役立てられており，脱水という症状がいかに深刻であるかを理解できよう。

　海の水について説明するところで，水の性質に触れてきたが，水の色は何色だろうか。「水は無色透明である」と考えがちだが，私たちの身の回りの水は，完全な無色透明ではない。透明であるためには，すべての可視光線の光の波長を透過させなければならないが，水は実際にはわずかではあるが赤い色を示す

波長の光を吸収してしまう。そのため，赤色以外を示す波長の光が私たちの目に届き，水は青みがかった色をしている。ただし，コップに入れた水の量程度では，この効果を判別することはできず，もっと大量の水を湛えるプールや海で，この効果を認識できる。水深 10 m 程度では赤い光はほとんどが水に吸収されてしまう。海の水が赤い光を吸収するということは，海水の比較的深いところでは赤い色が見えなくなることを意味する。つまり，赤い魚は捕食者に見つかりにくく，深海に赤い魚が多い理由はこのためであると考えられている。

　赤色を吸収するのは「身の回りの水」とわざわざ示したのは，水素の同位体である重水素(^{2}H)でつくられた重水(D_2O)は，可視領域で赤い色を示す波長の光を吸収せず，赤外線領域の波長を吸収する特性をもつため，もし地球上の水素は現在のような軽水素ではなく重水素が多数を占めていた場合には，海の色はまた違ったものになっているだろう。

4 章　演習問題

4.1　地球を宇宙空間から観測したとき，地球を黒体とみなせば，地球の温度は $-18\,℃\,(255\,K)$ となる。しかし，現在の地球の平均気温は $15\,℃\,(288\,K)$ であり，地球を黒体とみなしたときの温度とは差がある。これはなぜか，説明しよう。

4.2　日本で「すばる」として知られる，おうし座のプレアデス星団は，青白い色を放つ複数個の恒星の集団である。この色から，プレアデス星団の恒星がどのような特徴をもった天体であるかを説明しよう。また，同じおうし座にはヒアデス星団と呼ばれる天体があるが，プレアデス星団との違いを調べてみよう。

4.3　朝焼けや夕焼けが赤く見える理由を説明したが，朝焼けと夕焼けは同じ色になるだろうか。また，そうなる理由を説明しよう。

4.4　ヒトは可視光線を認識し，さまざまな色を見分けている。地球上のすべての動物が人間と同じようにものを見ているわけではないことがわかっている。たとえば，ヒトはどのようなしくみで色を認識しているのだろうか。また，昆虫が認識できる光の波長は人間と同じであるか，調べてみよう。

> **コラム6**

物質と光の関わり

　日常生活で「物質は光と関わり合っている」ことを理屈っぽく考える場面はないかもしれないが，物質は光を吸収したり，反射したり，あるいは透過したりしている。このようなはたらきを物質と光の相互作用という。

　物質が吸収する光の波長は決まっている。この性質を利用し，物質が放射あるいは吸収する光を波長ごとに調べて，試料に含まれている成分を特定することを分光分析という。この分析法は，試料を破壊することなく（非破壊），触れることなく（非接触），分析対象の成分を知ることができる利点がある。

　化学分析では，横軸に波長，縦軸に強度をとったグラフ（スペクトルデータ）を作成することで，分析試料が吸収した光の波長と，どれだけ光を吸収したかを把握できる。たとえば，水分子は 1,450 nm，1,940 nm，2,900 nm の波長の光を特に吸収するため，水分子を含む物質を透過した光のスペクトルデータはこれらの波長が谷で示される（図参照）。

　吸収された光はどうなるか，という疑問をもつかもしれない。電磁波はエネルギーをもっており，一般に，紫外線や可視光線，近赤外線（可視光線の波長に近い赤外線）が物質に吸収された場合，これらの電磁波は電子をエネルギーの低い状態（基底状態）から高いエネルギー状態（励起状態）へと変える（電子遷移）。ただし，連続的に光を与えなければ，電子はすぐに基底状態に戻ってしまう。一方，電子遷移を起こすほどのエネルギーをもたない赤外線の場合は，分子の運動を引き起こし，やがて熱エネルギーへと変わる。

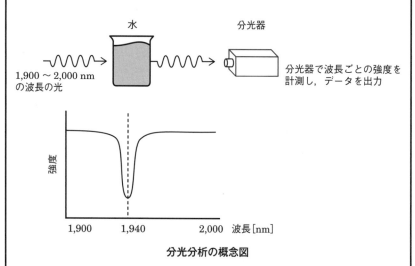

分光分析の概念図

たとえば 1,900～2,000 nm の光を水に当てるとする。水は 1,940 nm の光を特に吸収するので，水を通過した光を分光器でスペクトルデータをつくれば，波長 1,940 nm の強度が小さくなる。

5. 地球や月はどのように 形成されたのか？

太陽系はもともと存在していたわけではなく，太陽が形成される過程で周辺に存在していたガスや塵，氷の集まりから，秩序立って惑星系が形成されてきた。恒星や惑星系の形成には回転運動が関わっているが，なぜ回転が重要であるのかを理解しよう。

5.1 太陽系形成のしくみ

3章で恒星が分子ガス雲から形成されることを説明し，原始惑星系円盤と呼ばれるものが存在することを述べた。ここで，ガスの塊だったものがどのように円盤へと形を変えることができるのかを説明しよう。

5.1.1 円盤形成の物理

宇宙空間で存在する水素やヘリウムなどの原子や分子は，重力によって引き合うことはすでに学んだとおりである。宇宙空間に散らばっている原子や分子がある1点に引きつけられていけば，最終的に球にしかならないのではないか，と疑問を持つ読者もいることだろう。

原始惑星系円盤のみでなく，宇宙空間には土星のリングや太陽系，銀河系など平たい円盤型をしているものが多く，普遍的な存在であることがわかる。ただし，身の回りのCDが回転するときとは違った回転運動をする。CDの回転（図5.1a）は，どの半径も同じ時間で1周する（そうしないと円盤が壊れてしまう）。しかし，太陽系の惑星の公転周期（軌道を1周する時間）は，水星が88日，地球が365日，木星が12年というように，太陽系の円盤は内側ほど速く回転し，外側ほどゆっくりと回転する（図5.1b）。これらの運動の様子を**ケプラー回転**[1]というが，このような円盤が形成される物理について説明しよう。

宇宙空間で完全に静止しているものはなく，すべての物体が何らかの運動をしている。また，その運動は直線運動と回転運動の両方をもつのが一般的である。そのような運動成分をもつ個々のガス分子の塊が，重力のはたらきでガス雲の中心部に引きつけられて集まってくる。はじめはそれぞれのガス分子がいろいろな方向への回転成分をもっていても，ガスが次第に収縮するにつれて全

[1] 中心に位置する天体による重力と周囲を回る天体の遠心力がつりあっている状態の運動。ケプラー回転は流体（気体や液体）とみなせる系に特有な回転運動である。差動回転ともいう。

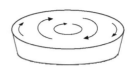

a. CDが回転するとき，1s間に回転する角度の大きさ（角速度）はどの半径でも同じ。

b. 洗面器の中の水をかき混ぜるとき，1s間に回転する角度の大きさ（角速度）は内側ほど大きい。

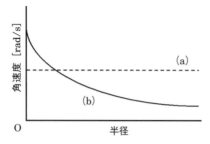

図5.1　剛体回転(a)とケプラー回転(b)の違い

体が一定の方向の回転運動になっていく。ガスが収縮すると，さらに回転運動は大きくなる（角速度が大きくなる）。

この状況をイメージするために，フィギュアスケーターがスピンするところを思い出そう（図5.2）。腕を伸ばしているときよりも，腕を体に引きつけたときのほうが回転は速くなる。運動している物体にエネルギーの出入りがないという状況で，角運動量が保存されるためである。腕を伸ばして半径を大きくすれば回転速度は小さくなり，逆に腕を体に引きつけて半径を小さくすれば回転速度は大きくなる。ガス雲中のガス分子の運動では，収縮によって回転軸からの距離が小さくなるので，回転軸付近のガスの回転速度は速くなる。

図5.2　角運動量の保存のイメージ図

腕を伸ばして半径を大きくすれば回転速度は小さくなり，逆に腕を体に引きつけて半径を小さくすれば回転速度は大きくなる。

5.1 太陽系形成のしくみ

さらに，ガス雲が回転するようになると，ガス分子には遠心力がはたらく。遠心力は回転の赤道面で大きく，極方向へ向かうほど小さくなっていく。地球も自転という回転運動をしているため，回転楕円体という赤道方向に膨らんだ潰れた形になっている。流体であれば，極方向に相当する部分のガスは遠心力で遠ざかるよりも重力によって引きつけられる力が強くなるため，潰れた形になっていく。このようにして円盤が形成されていく。

5.1.2 原始太陽系の形成

私たちの太陽系がどのようにしてできたのか，現時点でもよくわかっていない点は多いが，理論的なモデルとほかの惑星系の観測データから太陽系形成の状況を推定できる。太陽系はガス雲と微粒子でできた円盤から形成されたと考えられている。現在観測される太陽系の惑星が同一平面上を同じ方向に軌道運動していることが，その根拠の一つである。また，惑星の重金属の比率が太陽の重金属の比率よりも高いことがわかっており，これは原始的な太陽系の円盤の中で塵が濃縮されたためである。最近では ALMA 望遠鏡[2]などによっても原始惑星系円盤の存在が多数確認されている。

太陽系のもととなった分子ガス雲には，水素やヘリウム，その時代よりも前に存在していた恒星で形成された炭素・酸素や鉄，さらにその恒星が赤色超巨星となって超新星爆発を起こして形成された鉄より重い原子や水や一酸化炭素など各種の分子からなる微粒子が含まれていた。

ほかの恒星系と同様に，これらの分子ガス雲は重力によって互いに引きつけ合い，やがて大きな塊となってゆっくりと回転をはじめ，原始太陽系惑星円盤ができあがる。この円盤の中心には原始太陽が存在している。円盤内には大量の塵(微粒子)が存在し，赤道面には上下から塵が降り積もり，塵は互いに衝突して合体する。「互いに衝突」というと，正面衝突して跳ね返ってしまいそうな印象を受けるが，円盤内の物質は同じ方向に回転しているので，相対的な速度はそれほど大きくなく，跳ね返るよりは合体したと推測される。

この円盤の中心部から 3 天文単位(au)[3]より内側の円盤は岩石や金属を主成分とし，それより外側は氷を主成分としている。円盤の赤道面に形成されたガスや塵の塊の密度が大きくなってくると，分裂して断片化される。これらの断片も重力によって集積して微惑星と呼ばれるものに成長していく。この段階で分子ガス雲が集まりはじめてから 100 万年程度の時間が経過している。

円盤内に形成された微惑星は原始太陽の周辺を回りながら，互いに衝突してさらに合体を繰り返す。より質量の大きな微惑星は，より多くの微惑星を集積させることができ，急速に成長できる(暴走的成長)。合体によって大きくなった微惑星の周囲には微惑星がなくなってしまうことから，暴走的成長が止まり成長する速度が落ちてくる。微惑星は質量にして $10^{15} \sim 10^{18}$ kg のスケールだが，やがて $10^{23} \sim 10^{26}$ kg となった段階から**原始惑星**と呼ばれるようになる。原始惑星は円盤内側ほど速く，外側ほどゆっくりと成長していく。原始惑星の

2) チリ共和国の北部にある標高 5,000 m のアタカマ砂漠に建設された電波干渉計で，正式名称はアタカマ大型ミリ波サブミリ波干渉計。日本を含む 22 の国と地域の協力によって運営されている。口径 12 m のパラボラアンテナ 54 台と口径 7 m のパラボラアンテナ 12 台を結びつけることで，高解像度の 1 つの巨大な電波望遠鏡として活用することができる。

3) 太陽と地球間の平均距離を天文単位(astronomical unit: au)といい，およそ 1 億 5,000 万 km である。太陽系内での距離や，ほかの惑星系内の距離を示すときに使いやすい。

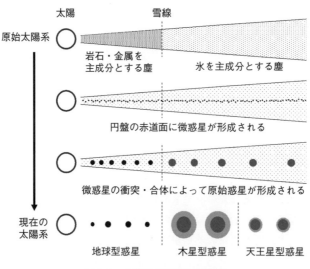

図 5.3 太陽系の歴史の概略図

大きさは地球型惑星で地球質量の 1/10, 木星型惑星で地球質量の 5〜10 倍, 天王星型惑星で 15〜20 倍という. 現在の惑星の質量を考えると, 原始惑星はさらに成長しなければならないことになる.

原始惑星の段階で, 惑星内部を密度の違いによって分離させる分化が起こる. 原始惑星表面に降り積もってくる物質の運動エネルギーが解放されて生じた熱のほか, 原始惑星を構成する放射性物質の崩壊で生じる熱によって原始惑星が融解すると, 密度の高い金属(鉄・ニッケル)が中心部のコアを形成し, より密度の小さいケイ酸塩化合物が外側へ移動し, 層状構造になる.

円盤の中心から 3 au までにある原始惑星は, さらに衝突合体を繰り返し, より大きな惑星になる. それより遠い位置を軌道運動していた原始惑星は, この当時のガス円盤の成分を惑星の大気として捕獲していく. 図 5.3 に示した太陽系の歴史の概略図に雪線が示されているが, これは H_2O が水蒸気または水として存在するか, 氷となって存在するかの境界線である. 雪線より遠い位置にある原始惑星に太陽が及ぼす重力は比較的小さいため, 原始惑星は大気を大量に捕獲できる. この頃には太陽が生じる光による圧力(輻射圧)と強力な恒星風によって惑星間に存在していたガスや微粒子を吹き飛ばし, 現在の太陽系の姿になったと考えられている.

5.2 太陽系の惑星

5.2.1 地球型惑星

太陽系の内側の惑星を**地球型惑星**と呼ぶ. これらは共通して惑星の平均密度が高いという特性をもつ. これは, 原始太陽系円盤の化学組成はどこでもほぼ同じであるが, 円盤内側ほど温度が高かったということを反映しており, この

5.2 太陽系の惑星   55

領域で微粒子を形成できる物質は金属のように融点が高い。太陽から離れると
温度は下がっていくため，ケイ酸塩や水(氷)，アンモニア，メタンの微粒子を
形成できる。このような理由から，金属やケイ酸化合物が高い構成比を占める
地球型惑星の密度は高くなる。以下，地球型惑星を簡単に紹介する。

(1) 水 星

　太陽に最も近い位置を軌道運動する水星は，88日で軌道を1周する。太陽系
の惑星の中でもっとも小さく，大気を保持するほどの重力がない。そのため，
極めて希薄な水素とヘリウムからなる大気しかもたず，この大気の密度は地球
の実験室で作り出す真空よりもさらに低い密度である。この大気は太陽が放出
する太陽風によって常に補充されるほか，水星地殻内の物質が放射性崩壊を起
こして発生するヘリウムによっても補充される。

　惑星内部の分化によって，中心部には鉄を主成分とした半径の70%を占める
ほどのコアが形成されたと考えられており，水星の密度を非常に大きくしてい
る。表面には周辺と異なる組成の地形が存在しており，これは水星の地殻活動
によって溶岩が流れ出た跡である。表面の至る所に大小無数のクレーターが存
在し，これは惑星形成後に無数の小天体の落下が起こった(後期重爆撃期[4])こ
とを示している。この小天体の落下は水星の地殻の破壊を引き起こし，地殻下
の溶岩の噴出を活性化させたと考えられている。その後，内部のコアが冷えて
収縮し，地殻も収縮して圧縮されたために多数の断崖が生じ，中には高さ3
km，長さ500kmに及ぶ巨大な断崖も存在するようになった。

　惑星は太陽を1つの焦点とする楕円軌道を描いており，楕円軌道でもっとも
太陽に近くなる点を**近日点**と呼ぶ。水星の近日点の移動はニュートンの運動法
則で説明することができなかった。アインシュタインは一般相対性理論を用い
て，水星の近日点のずれは太陽の重力によって時空が歪んだためであると説明
し，そのずれを予測した。実際の観測の結果，アインシュタインの予測と見事
に一致し，アインシュタインの一般相対性理論の検証例の一つとなった。

4) 現在から41～38億年前(期間については諸説ある)に始まったとされる地球型惑星への小天体の落下現象。

(2) 金 星

　地球のすぐ内側を軌道運動する金星は大きさや質量が地球と非常に似ている
ことから地球と双子の惑星とも呼ばれる。地球からは明け方と夕暮れにひとき
わ明るく輝く様子を観測でき，それぞれ明けの明星，宵の明星と呼ばれて親し
みのある惑星かもしれない。

　しかし似ているのは惑星の大きさと質量，惑星内部の構造だけであり，大気
下の状況は全く異なる。金星大気は96%がCO_2で残りの大部分がN_2，さらに
少量のアルゴン，二酸化硫黄，硫酸，塩酸，フッ化水素酸などを含む。近年の
地球温暖化の議論からも推測できるように，金星は温暖化が極端に進んだ星で
ある。温暖化ガスは惑星表面の温度を保つという役割をもつため，水星や火星
のような大気の薄い惑星とは違い，金星の表面温度は一日を通じて470℃とい

う高温の世界となる。わずかに存在する H_2O もこの高温のため液体で存在することはできず、金星表面は乾燥した砂漠のような状態になっている。金星の大気は厚いため、日中でも表面に届く太陽光は地球の夕焼けのような色になる。金星表面に厚い雲の層が存在するので、地球から表面を直接観測することはできない。金星の雲は地球のような微小な水滴からできているわけではなく、硫酸と微小な硫黄粒子でできていることが観測で明らかになっている。

　金星の自転周期は地球の時間にして243日という非常にゆっくりした自転にもかかわらず4日で金星を1周するほどの高速な風（スーパーローテーション[5]）が吹いている。この風が維持されるための加速メカニズムは長らく明らかになっていなかったが、日本のJAXAが打ち上げた金星探査衛星「あかつき」によって得られたデータの解析から、金星には太陽光による加熱が原因で「大気の潮汐」現象が強く生じ、この現象が角運動量を高緯度から低緯度に効率よく運ぶことで、大気の流れを加速させることを明らかにした。

　ほかに金星に特有な現象として自転の方向が逆、つまり太陽は西から昇って東に沈む点がある。太陽系の惑星は公転軌道が左回りになる面から見たとき、惑星の自転は左回りになっているが、金星のみ右回りになっている。この説明に対してはいくつかの説がある。一つは惑星形成時に巨大な原始惑星の衝突によって、自転軸が反転するほどの衝撃を与えた結果、自転軸が反転したというものである。もう一つの説は大気密度の大きな惑星が太陽近くの強い重力の影響を受ける場合、惑星大気の潮汐作用が惑星の自転運動を減速させるようにはたらき、長い時間にわたる結果として自転軸が反転したというものがあるが、現時点でもよくわかっていない。

(3) 地 球

　私たちが住む地球は、他のどの惑星にもない豊かな水をもち、多数の生命体を育むという点で極めて特徴的である。しかし、その水は地球の表面の2/3を覆う海が大部分であり地球体積のわずか0.01%を占めるに過ぎず、決して豊富に水があるわけではない。さらに人間が生活に使用できる淡水は地球全体の水の量の約0.8%という。地球上の生物にとって貴重な水資源を考えたとき、水利用について一人ひとりが無関心ではいられないことを示す数字である。

　地球に H_2O が水として存在していることと、生命体が存在していることは無関係ではない。惑星系で地球に似た生命が存在できる領域を**ハビタブルゾーン**と呼ぶが、ハビタブルゾーンは惑星系の中心にある恒星からのエネルギー放射が H_2O を水として存在させることのできる領域である。太陽系のハビタブルゾーンを明確に示すことは難しいが、現在一般的に考えられるハビタブルゾーンは金星の外側（0.95 au）から火星の内側（1.37 au）であり、それ以外の領域に生命体の存在を確認することは難しいと考えられている。ただし、木星型惑星のような巨大な惑星は、強力な重力によって衛星の地殻に潮汐力を生じさせ、地殻の摩擦熱によって地殻下の氷を溶かして水にできると指摘され、その

[5] 自転速度を上回る速度で大気が回転する現象のこと。

5.2 太陽系の惑星 57

ような条件を満たす衛星での生命体の存在可能性が研究されている。

太陽系の地球型惑星のうち地球にしかない特徴として、ほかにプレートテクトニクスの存在があげられる。金星や火星には火山が確認されているが、これらの火山は地殻内部から上昇した溶けたマグマの対流によって噴出したと考えられる火山や溶岩流の地形は確認されるものの、地球に見られるような火山帯は存在していない。地球でプレートテクトニクスはマントルの対流で駆動されることから、火星はすでに内部が冷えており活発なマントル運動は起こしていないと考えられる。金星は地球と同規模の惑星でありマントルの対流も活発であると考えられるが、これまでの観測で火山帯は存在せず、金星は全体で1枚のプレートで覆われていると考えられている。トランスフォーム断層などが形成されるメカニズムでは、水が摩擦力を軽減するために滑りやすくしている可能性があることや、またプレート境界で地殻物質を溶かすためには水の存在が不可欠であるとのことから、水の存在できない惑星ではプレートテクトニクスが生じない可能性が高い。

（4） 火 星

火星は肉眼でも赤い星として確認できるほか、小型の望遠鏡を使えば白い極冠[6]も観測できる。火星表面には運河のように見える地形があることから、SF作品によく登場し地球外生命体が存在する可能性のある惑星と想像されていたが、その後の火星探査機による観測で赤色は酸化鉄によるものであることや水が流れた痕跡などが明らかにされた。生命体の存在は否定されているが、現在行われている NASA の火星探査車「パーサヴィアランス」の目的の一つは、過去に微生物が存在していた痕跡を探すことである。

2005 年には ESA の火星探査機「マーズ・エクスプレス」の観測によって水の存在下で変性した水和ケイ酸塩（フィロケイ酸塩）が確認され、火星にはかつて水が存在していた可能性が指摘されている。この探査機はさらに 2018 年には火星の極冠の下に水を湛えた幅 20 km の湖が存在を示す証拠を明らかにした。表面下では生物体に有害な紫外線の影響を受けないという利点はあるものの、これだけで生命体の存在が証拠づけられるものではなく、その後に続く火星探査機が調査を続けている。

かつては SF で取り上げられていた、地球上の人類を含む動植物が生存可能な環境になるように惑星をつくり変える「テラフォーミング」は、現代では科学的な研究対象となり、火星が候補天体に挙げられている。火星を地球に似た環境につくり変えるためには、温暖化物質が必要となる。現在の火星の岩石と極冠に蓄えられた二酸化炭素が再び大気中に放出され、大気層を厚くすることによって火星を温暖化し、液体の水が火星表面に存在できるようになると考えられていた。しかし 2018 年に発表された研究では、人類が利用できる範囲の地表下にある二酸化炭素の存在量は火星を温暖化させるためには不十分で、期待される温暖化を生み出すための二酸化炭素量のわずか 1/15 にしかならない

6) 火星の北極と南極にある、水の氷や二酸化炭素の氷（ドライアイス）でできた領域のこと。火星の自転軸は 25°ほどの傾きがあるので、地球と同様に季節変化がある。火星の季節に応じて、極冠の大きさも変化する。

ことが示された。この結果が確実なものであれば，現在の技術ではテラフォーミングへの道のりはまだまだ遠い，ということになる。

5.2.2　木星型惑星

　木星と土星を木星型惑星と呼ぶ(海王星と天王星を含めることもある)。これらは共通して惑星の平均密度が低いという特性をもつ。地球型惑星とは異なり惑星組成に占めるケイ酸化合物や金属の存在度が低く，水素やヘリウムなどのガスを主要な組成とし，水氷やアンモニア氷などを大量に捕獲した結果である。惑星形成後に大量の原始太陽系円盤のガスを捕獲しており，原始太陽系の組成を知るための研究対象となっている。

　木星以遠の惑星がいずれも巨大なものばかりであるのは，太陽から近いところでは固体物質として金属やケイ酸塩しか存在できないが，木星型惑星ではこれらの固体に加えて温度が低いために氷が大量に存在したため，地球型惑星よりも速く成長して質量を増大させ，原始太陽系円盤のガスを大量に捕獲して巨大に成長したと考えられている。

(1)　木　星

　太陽系で最大の質量をもつ惑星(地球の318倍)であり，太陽系の全惑星質量のおよそ70%を占める。体積は地球のおよそ1,300倍もあり，密度の小さな惑星であることがわかる。太陽から遠く離れた位置にある惑星であるが，太陽から受ける熱量の2倍の熱量を放出していることが観測されている。この熱源は木星内部に蓄えられた太陽系形成時の熱であると考えられている。

　太陽系形成の過程で理解できるとおり木星型惑星の主成分は水素で，木星内部の大部分は高い圧力のため，水素は電導性の高い液体金属水素となり，このことが地球の磁場の10倍という強い磁場を生じる原因となっている。

　木星の表面には地球がすっぽりと収まるほどの大きさの赤い斑点(大赤斑)が見られ，これは木星表面の巨大な高気圧性の渦である。木星が観測されて以来，300年以上の間に大赤斑が消失してしまったことはないものの，年々縮小していることが明らかになっており，やがては消滅するとの推測もある。大赤斑の詳しい生成理由は未だ明らかになっていない。

(2)　土　星

　他の惑星にはない特徴的なリングを小型の天体望遠鏡でも確認することができるため，観測会では非常に人気の高い天体の一つである。

　木星と同様に水素が主成分で，惑星内部は液体水素が大部分を占めている。木星に比べて液体金属水素が少ないため磁場の強さも木星の1/20しかない。

　太陽系惑星の中で非常に目立つリングは細かい砂粒程度から直径10mほどまで，さまざまな大きさからなる氷や岩石質の粒でできている。リングをつくる氷粒それぞれが土星の周囲を回る軌道をもつ。リングが氷でできていること

から，土星が形成された当初は温度が高かったため，リングは形成されていなかったと推測できる。土星が形成された後，周辺の彗星や氷でできた衛星同士の衝突によってリングが生じたものと考えられている。これらのリングは土星の衛星の重力の影響を受けることによって，存在範囲が制限されている。また，土星周辺の隕石とリング物質の衝突や，強力な放射線によってリングを構成する物質は減っていくが，新たな衝突の結果で再び微粒子が供給されたり，エンセラダスなどの衛星表面の割れ目から噴き出す物質がリングに供給されたりすることがわかっている。

　惑星のリングは土星のみに存在するわけではなく，地球型惑星以外はすべてリングをもつ。木星のリングは微視的な塵からできており，小さい隕石が木星の衛星と衝突し，周辺に飛び出たものと考えられている。

5.2.3　天王星型惑星

　かつては木星以遠の惑星は「木星型惑星」と区分されていたが，太陽系惑星の探査が進んだ結果，天王星と海王星はガス成分が少なく水やメタンを主成分とすることが明らかとなり，「天王星型惑星」として区分するようになった。

(1)　天　王　星

　大部分が水，アンモニア，メタンの氷からできており，中心部には岩石質の小さなコアがあると考えられる。木星型惑星を巨大ガス惑星，天王星型惑星を巨大氷惑星と呼ぶこともあるように，天王星型惑星を形成する物質の組成は氷となって存在しているが，これは天王星や海王星が形成された領域が太陽から遠く，十分なガスを捕獲できなかったことと，長い公転周期のためにガスを捕獲する前に太陽系の星雲ガスが消失したためである。

　天王星の自転軸は軌道面に対して 98° 傾いている（つまり横倒しになっている）という，他の太陽系の惑星に見られない特徴をもつ。自転軸の大きな傾きの原因については現在も議論のあるところだが，天王星の形成後に巨大天体の衝突が起こったためという説が有力である。

　地球からは非常に遠い距離にある惑星のため，人工衛星による探査はボイジャー 2 号によるもの（天王星への接近は 1986 年，海王星へは 1989 年）以来行われていない。

(2)　海　王　星

　海王星も天王星と同様に水素，メタン，アンモニアの氷を主成分とする天体であるが，これらの惑星を観測したとき，天王星は淡い青緑色，海王星は濃い青に見える。これらの惑星が青みがかった色を示すのは大気中のメタンが赤色の波長の光を吸収するためである。ほぼ同じ組成をもつにもかかわらず色に違いが見られる理由ははっきりしていなかったが，米国の研究者たちが惑星大気に含まれる「もや」によって説明できることを明らかにした。海王星に比べる

と天王星の方が大気中に存在する「もや」の層が厚く，青色以外の光を反射しやすくなるために天王星が淡い青緑色に見える可能性を指摘している。

(3) 天王星と海王星の位置の変遷

　太陽系の惑星の形成過程については5.1.2で説明したが，天王星と海王星は現在の位置で形成されたのではなく，海王星がより内側を軌道運動していたとの説が提唱されている（ニースモデル）。現時点では天王星や海王星，それ以遠の天体の形成過程で確定的なことは明らかでないが，ニースモデルでは惑星が形成された後，残された微惑星との重力相互作用によって，木星以遠の巨大惑星が外側に移動する。天王星型惑星は今よりも太陽に近い位置で形成され，その後に現在の位置に移動したと提唱されている。このとき，太陽系の外縁にある小さな天体が捕獲され，さらに外側へと移動したと考えられている。

5.3　太陽系のそのほかの天体

5.3.1　惑星の衛星

　惑星には衛星をもつものがある。**衛星**の定義は「惑星，準惑星，太陽系小天体を周回する人工物ではない天体」である。地球や火星は少数の衛星しかもたないが，木星や土星は多数の衛星をもつ。惑星形成の過程で，惑星の周囲に存在した比較的大きな天体を捕獲したり，衝突によって惑星の一部が衛星になったと考えられているが，衛星の起源はまだよくわかっていない点が多い。

　地球の衛星である月の起源の学説に「巨大衝突説」がある。原始太陽系で地球が形成される最終段階で，火星ほどの大きさの天体が高速で地球に衝突し，剥ぎ取られた物質が地球の周囲を回り，冷えて固まった天体が月になったという説である。この説にもとづいた月形成の数値シミュレーションでは，地球と月の酸素同位体比がほぼ同じであることや，衝突によって地球の自転軸が傾いたことを再現できることから，巨大衝突説が支持されている。

5.3.2　準惑星

　惑星は大きな質量をもち，その重力によって，軌道に存在する小さな天体を衝突・合体によって取り除くことができる。球形を保っているものの，惑星ほど大きな質量をもたないために重力が小さく，軌道から小天体を取り除くことができていない天体を**準惑星**と呼ぶ。かつて冥王星は惑星とされてきたが，2006年の国際天文学連合[7]の総会で「惑星」の定義が明確にされたことで，冥王星は新たに設けられた準惑星の分類に整理された。

　現在，準惑星はケレス・冥王星・エリス・マケマケ・ハウメアの5個が認められている。この中で，ケレスは火星と木星の間に位置する小惑星帯の天体で，ケレス以外は海王星を超えた太陽系の外縁に存在する。特に太陽系の外縁部は探査が進んでいないこともあり，今後これらの数は増える可能性がある。

[7] 国際協力を通じてあらゆる側面から天文学の発展を図ることを目的として，1919年に設立された学術組織。天文学上の学術的なさまざまなルールを定める。

5.3 太陽系のそのほかの天体

5.3.3 小惑星と彗星

木星の軌道より内側に存在する主として岩石からなる小天体を**小惑星**といい，特に火星と木星の間にある「メインベルト小惑星」，木星の軌道に存在する「トロヤ群小惑星」，地球軌道の近くにある「地球近傍小惑星」に大別される。

メインベルト小惑星は木星が形成された後，木星の重力によって軌道が大きく乱されてしまった微惑星がそのまま残ったものであると考えられている。トロヤ群小惑星は，もとは太陽系の外縁部に存在していた天体が惑星移動の結果，木星軌道付近に流れ込んできたものと考えられ，これは先に述べたニースモデルでうまく説明することができる。

彗星は細長い楕円軌道を描きながら太陽系を移動している。彗星本体の主成分は氷で，塵が混じっており，汚れた雪だるまにたとえられる。太陽に近づくにつれて熱で氷が溶け，本体の周辺にガスと塵が放出されて輝く。さらに太陽の輻射圧と太陽風によって，イオン化したガスでできた「ガステイル」と塵でできた「ダストテイル」が伸びている。

トロヤ群小惑星と短周期(200年未満)の彗星は，太陽系外縁部のエッジワース・カイパーベルト[8]を，長周期(200年以上)の彗星はオールトの雲[9]を起源とする。

[8] 海王星の軌道(約30 au)から50 auの範囲で円盤状に分布する微惑星の集団。

[9] 太陽から1万 auから10万 auの範囲で球殻状に分布する微惑星の集団。

コラム7

ケプラーの法則

惑星が太陽の周囲を回る運動の法則性は17世紀初めにケプラー(Johannes Kepler)が発見し，その法則はケプラーの法則と呼ばれる。

ケプラーの法則は
- **第1法則** 惑星は太陽を1つの焦点とする楕円軌道を描く
- **第2法則** 惑星と太陽とを結ぶ線分が単位時間に描く面積は一定である
- **第3法則** 惑星の公転周期の2乗は楕円軌道の長半径の3乗に比例する

からなる。

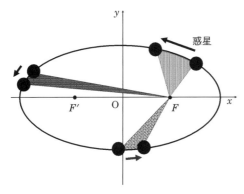

惑星系のケプラーの第1，第2法則を示した図

5章 演習問題

5.1 太陽系の惑星の軌道周期を調べ，角速度を計算しよう。さらに，惑星の運動は
ケプラー回転を示すかどうかを確認しよう。

5.2 本文で述べたとおり，現在までに多くの太陽系外惑星が確認されている。こ
れらのなかに，地球によく似た環境の惑星があるかどうかを調べてみよう。ま
た，太陽系外惑星には「ホットジュピター」と呼ばれる惑星がある。ホットジュ
ピターとはどのような天体なのか，説明してみよう。

5.3 原始太陽系の惑星が形成される過程で，光の圧力（輻射圧）が重要な役割を
担っていることを学んだ。人工衛星の推進力として，太陽からの光の圧力を用
いた実証試験が行われたが，太陽の光の圧力をどのように利用したのか，調べて
みよう。

5.4 ハビタブルゾーンとなる，H_2O が液体として存在できる領域は，太陽系で地球
以外にどんなところがあるのだろう。具体的な天体をあげ，どのような場所で，
どのような理由で H_2O が液体として存在しているのか，説明しよう。

コラム 8

運動量と角運動量

　質量 m[kg]の物体が速度 v[m/s]で運動しているとき，質量と速度の積で定
義される物理量 mv を運動量[kg m/s]という。運動量は「運動のいきおい」と
イメージすればよい。

　物体の実際の運動では，ほとんどの場合に回転成分が含まれている。回転運
動についても「回転のいきおい」に相当する物理量を定義することができ，こ
の物理量を角運動量[kg m^2/s]という。角運動量は慣性モーメント I(回転のし
にくさを表し，この値が大きいほど回転を止めにくい)[kg m^2]と角速度 ω(単
位時間あたりに回転する角度)[/s]の積で表される。

　運動量と角運動量を表す式を比較すると，運動量での質量と速度が角運動量
の慣性モーメントと角速度に，それぞれ対応していることがわかる。

6. 宇宙にはどんな天体が存在するのだろうか？

地球の周辺には，月や太陽系の惑星が存在しているが，太陽系の外側にある数多くの恒星など，宇宙にはこれらの天体とはまったく違う，極端な特徴をもった天体も存在している。身近にはないために実感しにくいものだが，この章ではそのような天体を紹介しよう。

6.1 宇宙空間は「なにもない」か？

太陽系には，恒星である太陽を中心として，その周囲を軌道運動している惑星や小惑星，それらの周囲を回る衛星，細長い楕円軌道を描く彗星などがあることを学んだ。太陽系の外観図などを見れば，天体の間には「なにもない」真空の空間が続いているように思える。

天体と天体の間を満たす宇宙空間は「真空である」とよく言われる。日本工業会での真空の定義は「大気圧より低い圧力の気体で満たされている特定の空間の状態」とされている。現在の技術で達成できる真空を空間内の分子の数で言えば，実際には $1\,cm^3$ 中に 3,000 万個程度の分子が存在[1]している状態である。数字だけを見れば，まるで真空とは程遠いように思えるが，この数字は工業的には十分な真空で，不純物の混入には十分な注意が払われる半導体製造工場も，この基準で問題はないという。

実際には宇宙で天体間のなにもないように見える空間は真空ではなく，天体間はコロナガス，HIガス雲，分子雲や微粒子などの「星間物質」で満たされており，星間物質は密度と温度の違いによって表 6.1 のように分類される。

これらの星間物質の物理的な状況を考えると，コロナガス・雲間物質・HIガス雲はそれらの周辺と圧力がつり合っており（圧力平衡），そのため大きさはそれほど変化しない。HII領域と分子雲は周辺よりも圧力が高い状態にあり，HII領域は外側に向かって膨張しているが，分子雲は密度が大きいため，自身の重力によってガスを内側に閉じ込める（コラム 9 参照）。

HII領域は生まれたばかりの大質量星が放射する高いエネルギーによって，大質量星周辺の水素ガスがイオン化した領域で，ほぼ球状の形状をとる。

[1] 1 atm，0℃の空気は $1\,cm^3$ に 3×10^{15} 個の分子が存在している。

表 6.1 星間物質の種類

種類	温度[K]	密度[個/cm^3]	水素の状態	
コロナガス	$10^5 \sim 10^6$	10^{-2}	イオン	高温・低密度で，超新星残骸や銀河ハローでも存在する。
HII領域	10^4	10^2	イオン	電離水素領域とも呼ばれ，水素が電離してイオンになっている。
雲間物質	10^4	10^{-1}	中性原子	銀河円盤の体積比率で大きな割合を占める。中性水素原子の21cm線で観測される。
HIガス雲	10^2	10	中性原子	中性水素ガスとも呼ばれる。中性水素原子の21cm線で観測される。
分子雲	10	$10^3 \sim 10^6$	分子	多様な分子が含まれている。典型的な直径は100光年ほど。

　水素分子が重力によって閉じ込められた状態になっている分子雲には，多様な分子が存在することがわかっており，観測に使われる分子として一酸化炭素(CO)，シアン化水素(HCN)，硫化炭素(CS)，アンモニア(NH_3)がある。分子雲には地球上で見られない有機分子を含む，さまざまな有機分子が存在することが明らかになっている。分子雲に有機物質が含まれていることから，なんらかのメカニズムでそれらの有機物質が保存され，地球での生命体の誕生に関連した可能性も考えられている。分子雲の中でも特に密度が高い領域($> 10^5$個/cm^3)は**分子雲コア**と呼ばれ，このような領域からやがて原始星が誕生する。

　周辺より密度が高い領域は星雲として観測される。付近の恒星の光を星雲中の塵が反射して輝く「反射星雲」，恒星からの強力な紫外線が星雲の水素ガスを電離し電子がもとの状態に戻ったときに放たれる光で輝く「輝線星雲」，星雲が背景の光を遮り黒い影に見える「暗黒星雲」などがある。

コラム 9

電 離 領 域

　水素が原子で存在しているガス雲をHIガス雲，水素が電離(つまりイオン化)して存在する領域をHII領域と名付けている。水素が電離して水素イオンになるとH^+と記し，1個の正の電荷を示す記号を右上に付けるため，HIやHIIの名付け方を不思議に思うかもしれない。

　天文学では，原子Xの中性ガス(電離していない状態)をXIと表し，1階電離したガスをXII，2階電離したガスをXIIIと表している。そのため，水素が電離した(H^+として存在している)領域はHII領域と示すほか，酸素を例にすると，原子(O)で存在すればOI，1階電離(O^-)ではOII，2階電離(O^{2-})ではOIIIのように表現する。

6.2 高密度天体の役割

　星間物質の収縮によって分子雲コアが形成され，原始星から主系列星へと進化していくことはすでに学んだ。主系列星のその後の進化は，その恒星の質量によって異なることを3章で紹介した。まとめてみると，表6.2のようになる。現在の宇宙の物質構成を考える上で，超新星爆発は鉄より重い原子を形成するという役割を担っていることも学んだ。

　ここでは，恒星が赤色巨星から，白色矮星や中性子星，ブラックホール（表6.3）へと進化する過程について紹介していく。これらの天体は体積に比較すると質量が大きい，つまり密度が大きいため，**高密度天体**あるいは**コンパクトスター**と呼ばれることがある。

表6.2　恒星の進化

質量（太陽質量）	赤色巨星後の進化
8倍未満	白色矮星
8倍以上30倍未満	超新星爆発 ⟶ 中性子星
30倍以上	超新星爆発 ⟶ ブラックホール

表6.3　3種類の高密度天体

	白色矮星	中性子星	ブラックホール
もとの恒星の質量$[M_\odot]$	0.5〜8	8〜40	>40
典型的な質量$[M_\odot]$	0.6	1.4	10
典型的な半径[km]	7,000	12	—
存在が確認された例	シリウスの伴星	パルサー	はくちょう座 X-1

※ここでのブラックホールは，恒星の最終段階で生じるものを示している。
※ $M_\odot$ は太陽の質量（2.0×10^{30} kg）を表す。

6.2.1　白色矮星とはどのような天体か

　太陽質量の8倍未満の恒星は，中心核でヘリウムを核融合するヘリウム燃焼の段階まで進化する。3章で学んだとおり，ヘリウム燃焼の段階ではベリリウム8（^{8}Be）とヘリウム4（^{4}He）が核融合して炭素12（^{12}C）や酸素16（^{16}O）を生成し，それらの物質が中心核になる。これらの原子核は正の電荷を帯びていて，電磁気力による反発力が生じている。太陽質量の8倍未満の星では，この電磁気力に打ち勝って収縮するだけの重力を生じることはできない。

　この質量の範囲では，恒星の外層はやがて外側の宇宙空間へと放出され，炭素と酸素の中心核のみが残される。この中心核が**白色矮星**である。白色矮星は典型的な大きさは地球程度だが，質量は太陽ほどになることから，密度が大きくなり，平均密度は太陽のおよそ100万倍（1 cm^3 あたり1.4トン）にもなる。

表面温度は 15,000 K と高温だが，内部に熱源がないため，恒星のようにエネルギーを生み出すことができず，時間の経過とともに冷え，やがて電磁波による観測はできなくなってしまうと考えられる。

白色矮星を構成する物質による重力に抗う力は，量子力学で扱われる電子の縮退圧[2]である。この力を非常に簡単に言うと，電子が空間的・速度的に狭い領域に詰め込まれたときに生じる反発する力である。この電子の縮退圧には理論的に限界があり，太陽質量の 1.4 倍を超える白色矮星[3]は存在できない。なんらかの理由で，この質量を超えると特定の種類の超新星爆発（Ia 型）を起こして中性子星へと進化することになる。このような状況は，連星系の白色矮星で生じることがあり，天文学的にも非常に重要な現象の一つである。

6.2.2 距離を計測できる Ia 型超新星

太陽のように恒星が単独で存在しているものは恒星全体の半分もなく，一般に 2 個以上の恒星が重力的に結びついていると考えられている。2 個の恒星が重力的な結びつきにあるものを**連星系**といい，恒星が互いに影響を及ぼすほど接近しているものを**近接連星系**という。

近接連星系にある，一方の恒星が進化して白色矮星になったとき，もう一方の恒星からガスが流れ込んでくる。2 つの星は共通重心を回転しているため，すぐに白色矮星の表面に落ち込むのではなく，太陽系初期に形成されたようなガス円盤（降着円盤）ができる。白色矮星に落ち込んでくるガスは，この円盤内をぐるぐる回りながら，らせん状に中心部へと流れ，やがて中心部の白色矮星に降り積もる。電子の縮退圧で支えることのできる質量は，太陽質量の 1.4 倍なので，白色矮星自身の質量と降り積もるガスの質量の合計がこの値を超えたとき，白色矮星内部の炭素と酸素が暴走的に核融合反応を起こす。これが Ia 型超新星爆発である。爆発時の質量が一定であるため，どの Ia 型超新星も同じ明るさになることが理論的に知られており（絶対等級でおよそ −19 等級），**宇宙の標準灯台**とも呼ばれる。この性質を利用して，Ia 型超新星までの距離を計測することができる（コラム 10 参照）。

6.2.3 中性子星とはどのような天体か

太陽の 8 倍から 30 倍の質量の恒星が赤色巨星へと進化した後，恒星中心核で鉄までの原子核が生成されることをすでに学んだ。そのとき，高温で鉄が生成された中心部では，鉄の光分解が起こって周囲のエネルギーが吸収されてしまう。このエネルギーは恒星全体の物質の重力に反発して，恒星を支えてきたものだが，エネルギーが吸収されてしまうことから支えきれなくなり，恒星全体が中心部に向かって一気に落ち込むことによって重力エネルギーが瞬時に解放されて爆発現象を起こす。

結果的に中心核が重力によって潰れてしまうと，中心核を構成している陽子と電子が結びついて中性子に変化する。中心核全体が中性子になった状態が中

---

[2] 縮退は量子力学ではじめて明らかになった状態で，高校までのニュートン力学では登場しない。量子は物質が「粒子」と「波」の二面性をもっていると考えられている。極めて高い圧力を受け，高い密度に圧縮された電子は自由に動くことができなくなる。この状況では，それらの電子は部分的に「波」のように振る舞う。電子の波の波長は非常に短く，それだけエネルギーが高い。この結果，電子は閉じ込められた中を飛び回って圧力を生じる。このような状態を**縮退**といい，生じる圧力を**縮退圧**という。

[3] この白色矮星の限界質量を**チャンドラセカール質量**という。

性子星で，それまで中心核の外側に存在していた物質は爆発によって宇宙空間に放出される。なお，このように中心核の重力崩壊によって生じる超新星爆発を**II型超新星**と呼ぶ。

白色矮星が電子の縮退圧で支えられているのに対し，中性子星は中性子の縮退圧で支えられているが，その内部構造はまだよくわかっていない。中性子星は半径12 kmほどの体積に太陽の1.4倍の質量が閉じ込められた天体で，密度は1 cm^{3}あたり10億tもの値になる。

コラム10

Ia型超新星爆発による距離計測

私たちが夜空を見上げたときに観測する星の明るさを**見かけの等級**と言い，明るいほど小さな数値で示される。見かけの等級が1違えば，明るさは2.5倍異なる。しかし，この明るさはその天体の実際の明るさを示しているわけではない。実際には同じ明るさの天体でも，地球から遠いところに位置していれば暗くなり，明るさは距離の2乗に反比例するため，同じ明るさの光源を10倍の距離のところに置けば，明るさは1/100になる。

天文学では天体を1パーセク(pc)の距離*から見たときの明るさを**絶対等級**と言う。見かけの等級(m)と絶対等級(M)の間には，その天体までの距離をdパーセクとして

$$M = m + 5 - 5\log_{10} d$$

の関係がある。

この関係を利用して，観測された天体がIa型超新星であることがスペクトル観測などから確認することができれば，この超新星の見かけの等級から，距離を導くことができる。

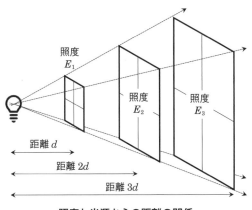

照度と光源からの距離の関係

距離が2倍になると照度は$1/2^2$，距離が3倍になると照度は$1/3^2$となる

＊天体までの距離は非常に遠いため，天文学に特有な単位を用いる。1 pcは3.26光年に相当する。

強い磁場をもった中性子星がパルサーとして観測される可能性があることはすでに学んだ。ここでは，非常に特異な天体として注目される**マグネター（磁石星）**を紹介する。マグネターはその名のとおりに磁石の性質を示す星だが，その磁場は想像を絶するほどの強さである。地球も巨大な磁石であることはよく知られており，実は太陽系の岩石惑星の中で最大の磁場をもち，その強さは $50\,\mu$T である。日常生活で強い磁場を生じる装置に，医療で体内の状態を探るために活用されている MRI があり $1.5\sim3.0\,$T の磁場を生じる。地球上で人工的につくり出した最大の磁場の強さはおよそ $1,000\,$T であるという。マグネターの表面で生じている磁場の強さは 100 億〜1,000 億 T に達するので，いかに強力な磁場を生じているかを理解できるだろう。このマグネターは γ 線や X 線という高エネルギーの電磁波を放射しているが，中性子星パルサーが回転エネルギーによって X 線を放射しているのに対し，マグネターは星内部や周辺の磁気エネルギーの解放が放射源であると考えられている。

6.2.4 中性子星が合体するとどうなるか

大質量天体の最後の一例が中性子星であるが，2017 年，この中性子星の合体によって生じたと考えられる重要な観測事実が確認された。その観測事実とは重力波の観測である。

重力波はアインシュタインが構築した一般相対性理論によって導かれた，時空の歪みが波となって伝わる現象である。アインシュタインは，時間と空間は切り離すことができず，互いに関連しているものであるとして，**時空**という概念を示した。質量のある物体は，この時空の構造を歪ませることで，物体に重力を生じさせるのだと考えた。私たちが重力波を日常的に検出できないのは，検出できるほど大きな時空の歪みではないためで，質量が大きな物体であれば，この時空が伸びたり縮んだりした歪みが波となって伝わるはずである（図6.1）。もし重力波を検出することができれば，アインシュタインの一般相対性理論を検証することにつながる。

重力波を検出するためには特別な観測装置が必要である。米国には LIGO，欧州には Virgo などの巨大な干渉計を用いた観測施設があり，日本にも神岡鉱山内に KAGRA と名付けられた観測施設がある。これらの観測施設では，「光は波である」という性質を使い，重力波で引き起こされる時空の歪みを干渉計で計測する。干渉計は直交する長い真空管で構成されており，この中をレーザー光が進んでいる。レーザー光はそれぞれの方向に正確に同じ距離を進み，先端部の鏡で反射される。跳ね返ってきたレーザー光が同じ距離を進めば，2本のレーザー光の波が揃っているので，打ち消しあって光を検出することはできない。もし，時空が歪んでどちらかの真空管の長さが変われば，光の波が揃わなくなり，光を検出することができる。物理的には非常に単純な原理を用いた検出器である。

中性子星の合体とされた重力波は LIGO と Virgo で 2017 年に検出された。

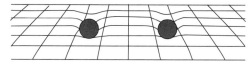
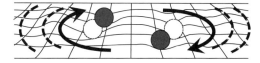

図 6.1 中性子星の合体によって伝わる重力波の原理

確実な重力波の検出としては5例目[4]であり，観測データの解析からこの重力波を生じた天体現象は2個の中性子星の合体であることが明らかになった。中性子星の合体を検出したのは初めてであった。この重力波が観測されたとき，世界中にある多くの天体望遠鏡が重力波発生源の位置をγ線，X線，紫外線，可視光線，赤外線，電波などのさまざまな電磁波で一斉に観測[5]した。中性子星の合体では重力波が発生する以外にも，短時間にγ線のバースト現象が発生することや，合体時に大量の重元素が生じることで可視光線や赤外線の放射が観測されることが理論的に予想されており，それらの観測の絶好の契機となったのである。実際に，広く行われた観測によって多くのデータが得られ，中性子星の合体によって大量の重元素が生じることが裏付けられた。超新星爆発によって重元素が生成されることはすでに学んだが，実際の宇宙に存在すると考えられる重元素の量はそれだけでは説明がつかないため，中性子星合体が宇宙の重元素の供給に重要な役割を果たしている可能性がある。

6.2.5 ブラックホールとはどんな天体か

SF小説などにも登場するブラックホールだが，宇宙空間でブラックホールそのものを認識することはできない。ブラックホールの存在は，ブラックホールの周辺に存在するガスやほかの天体の運動の様子から確認される。

ブラックホールは地球とは違い，しっかりとした表面があるわけではなく，かといって太陽のようなガスの塊でもない。非常に密度の大きな天体であり，「地球をパチンコ玉くらいの大きさに圧縮すれば，ブラックホールになる」というようなたとえ話があるとおり，非常に密度の大きな天体である。

[4] 人類が重力波を初めて検出したのは2015年のことで，ブラックホール同士の合体であった。その後の3例もブラックホール同士の合体であると考えられている。

[5] 1つの天体を電磁波や重力波，ニュートリノ，宇宙線など複数の方法で観測することをマルチメッセンジャー天文学という。複雑な天体現象のメカニズムをより詳しく理解できる可能性がある。

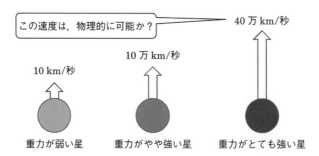

図 6.2 ブラックホールの状況をイメージするための概念図
星の質量が大きくなればなるほど，ロケットが脱出するときの速度は大きくなる。

　別の見方でブラックホールを説明しよう(図6.2)。地球からロケットを打ち上げて，地球の重力の影響が及ばないところまで脱出すると仮定した場合，どのような条件を満たせばロケットを打ち上げられるのか，非常に単純化して考えてみる。地球が鉛直下向きにロケットを引きつける力(ロケットにかかる重力)によるエネルギーの大きさと，ロケットが鉛直上向きに運動する力によるエネルギーの大きさを比べたとき，ロケットの運動エネルギーが重力によるエネルギーを超えればロケットは宇宙空間に飛び出していく[6]。運動エネルギーは $1/2 \times (質量) \times (速度)^2$ と示される。打ち上げるロケットの速度を V として，地球より質量が大きな天体から，先ほどと同じ質量のロケットを打ち上げようとしたとき，ロケットの速度をどうすればよいだろうか。地球で打ち上げる速度 V よりも大きな速度でなければならないはずだ。

　このように，天体の質量をどんどん大きくしていけば，それだけロケットの打ち上げ速度も大きくしていかなければならないことになる。ロケットの打ち上げ速度を計算してたとえば 40 万 km/s という値になったとき，これは物理学的に正しい答えになるだろうか。

　「光速は常に一定」であることは多くの人が知っている。これはアインシュタインの一般相対性理論の仮定である。光速はおよそ 30 万 km/s と実験によっても計測されている。さらに，質量をもつ物体は光速を越えることはできない。そうなると，打ち上げられるロケットが 40 万 km/s ということはあり得ない。つまり，それほど大きな質量をもつ天体からは光も含め，なにも出られない状況になる。この状態が**ブラックホール**である。

　ブラックホールからは光も出てくることができないのだから，ブラックホールそのものを見ることはできない。ブラックホールの存在は，その周囲に存在する降着円盤などから理論的に推測され，さらにそのような領域の観測によってブラックホールが存在する確実性が高められてきた。連星系にある高密度天体の周辺に降着円盤が形成されることはすでに述べたが，この降着円盤は非常に強力な X 線などを放射することが理論的に示されてきた。これらの電磁波は高温の状況でなければならないが，降着円盤ではガスの摩擦によって生じる

[6] これを第一脱出速度と呼び，およそ 11.2 km/s となる。

と考えられており，その温度は数千万度にもなることがある。

　また，降着円盤の回転軸方向には光速の数十％（場合によっては90％以上）にも達する速度で「宇宙ジェット」が放出されていることが観測されており，そのようなジェットの絞り込みの仕組みが議論になっている。高密度天体の周辺に厚い降着円盤が形成され，その内側の空間に沿ってジェットが放出されるという考えや，高密度天体周辺から放出される物質が磁場によって絞り込まれてジェットになるという考え方があり，盛んに研究されている。

　ここで，「高密度天体周辺から放出される」という説明に疑問をもつかもしれない。白色矮星や中性子星であれば，星の表面に落ち込んだガス物質があふれてジェットになることはイメージできても，なんでも吸い込んでしまうブラックホールからもガスが流出するところをイメージしにくい。この宇宙ジェットの放出のしくみについては，精力的に研究されているが，現在もよくわかっていない点もある。ブラックホールへガスが流れ込むところでは強い光の圧力が外向きにはたらき，ガスのブラックホールの降着を妨げるはたらきによって，この降着を妨げられたガスがジェットとして放出されるという考え方がある。

6章　演習問題

6.1　地球に存在する生命体は，宇宙空間に由来するという考え方があり，これを「パンスペルミア説」と呼ぶ。この学説の根拠となっている観測事実や実験事実について説明しよう。また，生命体の起源としてどのような考え方があるのかを調べよう。

6.2　Ia型超新星について学んだが，白色矮星を含む連星系で観測される「再帰新星（または回帰新星）」という現象がある。Ia型超新星と再帰新星の違いは何であるか調べ，説明しよう。

6.3　ブラックホールには，恒星程度の質量をもつ恒星質量ブラックホールから，銀河の中心に存在している太陽質量の10^5倍から10^{10}倍の質量となる超大質量ブラックホールまで，幅広いスケールにわたって存在する。恒星質量ブラックホールと超大質量ブラックホールとについて，形成過程や特徴にどのような違いがあるのか調べ，説明しよう。

6.4　ブラックホールと同様に，宇宙ジェットも幅広いスケールにわたって存在している。どのような天体に宇宙ジェットが付随しているかを調べてみよう。

―― コラム 11 ――――――――――――――――――――――

新星・再帰新星・超新星

　それまで見えていた星が突然明るく輝き出したり，何も見えていなかったところに新たに明るい星が現れたりした後，ゆっくりと暗くなっていく現象を「新星」や「超新星」と呼ぶ。何もなかったところに現れた星は，もとの星が暗いために認識できていなかったものと考えられる。

　白色矮星と恒星で形成されている連星系では，恒星から流れ込んだ水素ガスが白色矮星の表面に降り積もる。水素ガスが一定量を超えたとき，白色矮星の表面で水素の核融合反応が起こる場合がある。このときの爆発現象を「熱核暴走反応」といい，白色矮星の表面のガスが吹き飛ばされる。これが「新星（nova）」と呼ばれる現象である。新星では白色矮星自体は残っているので，恒星からのガスが流れ続ければ，再び新星爆発を起こす。この間隔は流れ込むガスの量によって数十年から数千万年の時間スケールとされ，数十年ごとに新星爆発を繰り返すものを「再帰新星」と呼ぶ（たとえば約 80 年ごとに爆発を繰り返す「かんむり座 T 星」がある）。

　新星爆発で白色矮星の表面に降り積もったすべてのガスが吹き飛ばされるわけではないため，白色矮星は少しずつ質量が大きくなっていく。やがてチャンドラセカール質量を超えたとき，（Ia 型）超新星（supernova）となって白色矮星自体も吹き飛んでしまう。かつては新星よりもはるかに明るくなるために「超」新星として分類されたが，現在では新星と超新星とは発生のメカニズムがまったく異なっていることが明らかになった。

7. 宇宙はどのような構造をしているのだろうか？

夜空に一面の星が輝いていても，それぞれの天体の奥行きを感じることはできない。実際の宇宙は秩序だった構造をとっていて，そのような構造から宇宙を構成している天体がどのように形成されたかを明らかにすることができる。

7.1 銀河とはなにか？

これまで学んできた恒星が，数千万～数十兆個ほど集まったものを**銀河**と呼ぶ。銀河は宇宙に数兆個も存在すると想定されているうち，私たちの住んでいる銀河のことを**銀河系**[1]という。

銀河の形状にはさまざまなものがあり，大量の銀河を観測し，その形状により分類した**ハッブル分類**というものがある。ハッブル宇宙望遠鏡にその名前を残す天文学者ハッブル(Edwin Powell Hubble)は，1923 年から 1924 年にかけて多数の銀河を観測した。当時も銀河の存在は知られていたが，それらはいずれも銀河系内に存在すると考えられていた。ハッブルは観測したそれぞれの銀河への距離を計測したところ，銀河系の外側にあるとしか考えられない観測結果が得られた。このとき人類は初めて，銀河系の外側にもさまざまな天体が存在することを知ったのである。

いろいろなものを集め，それらを特徴に基づいて分類することは科学の基本である。そうすることで相互の関係が見えてくることもある。ハッブルは図 7.1 に示したように，銀河の中心部にバルジ[2]があるか，渦状の腕をもつか，またその巻きの強さなどをもとに，楕円銀河・レンズ状銀河・棒渦巻銀河・渦巻銀河・不規則銀河に分類した。この分類は現在も活用されており，銀河のカタログには分類記号も付けて示されている。

当時は，分類された銀河が図の左から右側へと進化すると考えられており，銀河の形状を指して図の左に位置するものを早期型，右に位置するほど晩期型と呼ぶことがあるが，今では銀河の形状がハッブル分類の右側へと進化していくという考え方は否定されている。

[1] 銀河系を英語で表記するときは，固有名詞として Galaxy と示すか，「天の川銀河」の Milky Way Galaxy のように示す。

[2] 渦巻銀河や棒渦巻銀河の中心部に見られる中心部の膨らみで，観測によって古い星によって形づくられていることがわかっている。

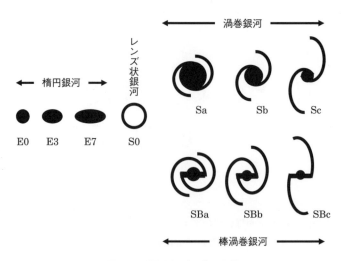

図 7.1　銀河のハッブル分類

ハッブルによって提唱された，銀河を形態的に分類したもので，楕円銀河を E, 渦巻銀河を S, 棒渦巻銀河を SB とする。楕円銀河で E の後の数字は，(1− 短径/長径) を 10 倍した数字であり，現在のところこの値が 7 を超える（より扁平になる）銀河は見つかっていない。渦巻銀河 S と棒渦巻銀河 SB の後は，渦の巻き具合が最もきついものを a とし，ゆるくなるにつれて b, c とする。レンズ状銀河は S0 で，バルジの構造は確認されるが円盤部の腕は確認されない。

7.1.1　銀河の形はなにによって決まるのか？

さまざまな形状の銀河が分類されたが，なぜそのような形になるのだろう。この問いに完全に答えられる理論が完全に確立されているわけではないが，それぞれの銀河の観測事実は何らかのヒントになる可能性がある。

(1)　渦巻銀河と棒渦巻銀河

中心部に大量の星が集まった球状の**バルジ**と呼ばれる部分から，渦状に伸びる腕からなる**銀河円盤**，そしてバルジと銀河円盤を包んでいる**ハロー**で構成されているのが**渦巻銀河**で（図 7.2 a），現在の宇宙にごくありふれた種類の銀河である。バルジの部分には赤や黄色の光を放つ星が多数存在しており，古い星によって構成されていることがわかっている。さらにその中心部には超大質量ブラックホールが存在することが確認されている。その一方で，銀河円盤にはガスや塵が存在し，活発な星形成が行われている。ここで生まれた星が，渦を巻いている腕として観測されるが，この腕のことを**渦状腕**と呼ぶ。つまり渦状腕を形成しているのは若い星ということになる。

棒渦巻銀河の形状（図 7.2 b）は，バルジを貫くような棒状の構造があるほかは，渦巻銀河と変わらない。棒渦巻銀河の渦状腕は，この棒状構造の両端から出ている。銀河系は渦巻銀河であると考えられていた時代もあったが，現在では棒渦巻銀河であることが明らかになった（図 7.3）。

ハローは銀河全体を包み込むような形状をしており，ハローには希薄な星間

7.1 銀河とはなにか？

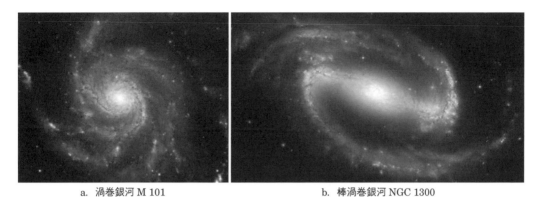

a. 渦巻銀河 M 101　　　　　　　　　　b. 棒渦巻銀河 NGC 1300

図7.2　ハッブル宇宙望遠鏡で撮影された渦巻銀河と棒渦巻銀河

M 101のように，腕がはっきりと確認できる渦巻銀河を「グランドデザイン渦巻銀河」と呼び，ほかにM 51，M 74，M 81などがあげられる。

Credit: (a) Hubble Image: NASA, ESA, K. Kuntz (JHU), F. Bresolin (University of Hawaii), J. Trauger (Jet Propulsion Lab),
J. Mould (NOAO), Y.-H. Chu (University of Illinois, Urbana), and STScI.
(b) NASA, ESA, and The Hubble Heritage Team (STScI/AURA); Acknowledgment: P. Knezek (WIYN).

図7.3　観測結果に基づいた銀河系の想像図 (出典：NASA/JPL-Caltech)

銀河系を外側から俯瞰的に眺めることはできないため，地球からさまざまな方向に観測した結果を
組み合わせ，銀河系の想像図を描いたもの。中心部にはバルジとそれを貫く棒状の構造が見える

物質や球状星団が存在している。この部分はバルジや腕に比べると星の密度が
極めて低くなるため，観測自体も難しい。かつてはハローの構成成分は単一で
あると考えられていたが，銀河系のハローの詳細な観測によって，内側と外側
では回転方向や金属の存在量に違いが見られることが明らかになり，さらに別
の研究から銀河系のハローは3種類の成分で構成され，領域によってはこれま

で考えられていたよりも高い温度をもつこともわかっている。

　これらの種類の銀河に特徴的な腕がどのように形成されたのかについては，現在も盛んに研究されており，一つの学説でのみ現象を説明することはできないようだが，最も有力な考え方は「階層的構造形成シナリオ」に基づくものである。宇宙が誕生したとき，物質はほぼ一様に分布していたが，物質密度が周囲よりもわずかに大きければ，そこは重力によって物質が集まってくる。非常に長い時間を経て十分なガスが集まれば，そこには大量の恒星が形成され，小さな銀河が誕生する。これらの小さな銀河が合体することで，銀河はさらに大きくなり，この過程で銀河円盤が形成されていく。銀河円盤はガスなどが密集するところなので，さらに星形成が進む。このようにして形成された銀河円盤の近くを，別の小さな銀河が通過したとき，重力の影響によって渦巻状の構造が生じることがシミュレーションによって明らかにされている。つまり，渦巻銀河や棒渦巻銀河の腕は，かつての銀河の衝突による影響で生まれた，という考え方である。これが階層的構造シナリオである。

　ハッブル分類では S0 とされたレンズ状銀河も，現代では渦巻銀河に含むことが多い。レンズ状銀河の形状は扁平で回転する円盤状の構造はあるが，渦を巻く腕が見られない。古い星が集合した銀河で，活発な星形成が見られないことが特徴である。

(2)　楕円銀河

　銀河を形づくる星が楕円体状に集まっている銀河が楕円銀河であり，黄色や赤色の星で形成されている。また，星間ガスをほとんど含んでいないことも観測から明らかになっている。そのため，この種の銀河には活発な星形成活動は

コラム 12

銀河と伴銀河

　銀河の構成は，中心部の「バルジ」，渦状に伸びた腕の「銀河円盤」，銀河によってはバルジを貫く「棒構造」があり，それら全体をハローと呼ばれる極めて密度が低い星間物質が包み込んでいる。大きな銀河の周辺には重力的に相互作用している**伴銀河**と呼ばれるものが存在しており（大きな銀河を「親銀河」という），たとえば銀河系にはおよそ 30 個の伴銀河がある。銀河系の代表的な伴銀河には「大マゼラン雲」や「小マゼラン雲」がある。「雲」とついているが実際は銀河であり，これらは南半球で観測され，日本からはごく一部の地域を除いて見ることができない。

　伴銀河は親銀河の周囲を軌道運動しており，ときには親銀河に衝突したり，合体したりすることもある。伴銀河との衝突を繰り返すことで，親銀河は成長していくと考えられている。

7.1 銀河とはなにか?

図 7.4　楕円銀河 M 87
中心部から右方向にジェットが放出されていることがわかる。この楕円銀河の中心部に，巨大ブラックホールが存在する。
Credit: NASA, ESA and the Hubble Heritage Team (STScI/AURA); Acknowledgment: P. Cote (Herzberg Institute of Astrophysics) and E. Baltz (Stanford University).

見られない。

　渦巻銀河や棒渦巻銀河では銀河内部の星が一定の方向に回転運動しているが，楕円銀河ではそのような運動は観測されておらず，個々の星がランダムな運動をしている。

　楕円銀河には，渦巻銀河や棒渦巻銀河の周囲に存在するハローは見られないが，楕円銀河の外側には銀河の星の分布の数倍に達する電離したガスが存在していることが確認されており，それらのガスから X 線が放出されている。

　2019 年に国際協力プロジェクト「イベント・ホライズン・テレスコープ[3]」によって史上初めてブラックホールの影が捉えられた。このときに観測対象とされた天体は銀河 M 87 (図 7.4) の中心部に位置する，太陽の 65 億倍の質量をもった巨大ブラックホールであったが，この M 87 は楕円銀河である。

(3) 不規則銀河

　とくに明確な形態を示さず，不規則な形をしており，渦巻銀河，棒渦巻銀河，楕円銀河のいずれにも当てはまらない銀河を不規則銀河に区分する。

　不規則銀河はガスや塵を多く含み，水素が電離した H II 領域が多数存在し，活発な星形成を行っている銀河が多いことが知られている。他の銀河に比べて星形成が非常に活発に行われている銀河を**スターバースト銀河**と呼ぶ。銀河系での星形成率は，太陽程度の質量の星を 1 年あたりで 1 個程度をつくり出す程度だが，スターバースト銀河は銀河系の 10 倍以上の星形成率をもつものを指

[3] 地球上の各地にある電波望遠鏡を結びつけることにより，地球サイズの口径となる仮想望遠鏡として観測しようとする国際協力プロジェクト。イベント・ホライズンとは日本語に訳すと「事象の地平線」であり，ブラックホールのすぐ近くにある事象の地平線まで高解像度に撮像することを目指した研究である。

図 7.5 不規則銀河に分類される代表的なスターバースト銀河 M 82（おおぐま座）
近傍にある銀河 M 81 との接近により、重力の影響でガスが高密度に存在する領域が形成された結果、激しい星形成が行われていると考えられている。
Credit: NASA, ESA and the Hubble Heritage Team (STScI/AURA); Acknowledgment: J. Gallagher (University of Wisconsin), M. Mountain (STScI) and P. Puxley (National Science Foundation).

し、中には銀河系の 1,000 倍もの星形成率をもつものもある。このような銀河からは X 線が観測され、激しいエネルギー放出を行っていることが示されている。スターバースト銀河では大質量の星が多く形成されるが、それらの星は寿命が短いために超新星爆発が頻繁に発生し、その結果として星間ガスが 1,000 万℃以上に加熱され、X 線が放出されると解釈される。この超新星爆発によって撒き散らされたガスから、再び大質量星が形成されている。

M 82（図 7.5）は代表的なスターバースト銀河であり、ハッブル分類では不規則銀河とされている。一方で、不規則銀河ではなく、激しい星形成の影響で形が歪んでしまった棒渦巻銀河を横から見ているものだと考える研究者もいる。

7.2 銀河団・超銀河団の構造

恒星の集まりが銀河であり、さらに銀河の集まりを**銀河団**という。宇宙はこのような階層構造をなしていることが明らかになっている。銀河団やさらに銀河団の集合体である**超銀河団**について確認しよう。

7.2.1 銀 河 団
(1) 銀河群と銀河団

銀河団より小さい構造として、銀河が 50 個ほど集まって形成される銀河群

がある。私たちの銀河系はアンドロメダ銀河[4]とともに「局所銀河群」を形成しており，ここにはおよそ 50〜60 個の銀河が含まれている。局所銀河群を構成する銀河は，銀河系とアンドロメダ銀河が極端に大きく，これらで局所銀河群の質量の大半を占める。

　局所銀河群の内部ではそれぞれの銀河が固有に運動しており，特にアンドロメダ銀河は青方偏移している数少ない銀河の一つで，つまり銀河系に近づいている。アンドロメダ銀河と銀河系は 40 億年後に衝突して 1 個の楕円銀河になると予想されているが，これまでも銀河系やアンドロメダ銀河は周辺の小さな銀河を合体してきたと推測されており，銀河同士の合体は珍しいものではない。さまざまな銀河を観測した結果，衝突や接近のために互いの形が変わってしまい，2 つの銀河の腕がつながって見えるような銀河も数多く存在することが明らかになった。ほかにも，アンドロメダ銀河の辺縁部がめくれたような形をしているのは，このような小銀河との衝突あるいは接近のためと考えられている。同様に，銀河系の周辺に存在する，いて座矮小銀河もこれまで銀河系との衝突を繰り返してきたとの研究も報告されている。

　一般に，銀河を 100 個以上含んでいる集団を **銀河団** と呼ぶ。銀河団は宇宙で最も大規模な自己重力系であると言われる。自己重力系とは自らの重力によって形状を保っているものを指し，たとえば惑星や恒星，惑星系や銀河などは自己重力系である。

　銀河系は銀河団と呼べる集合に属してはいないが，最も近い銀河団は「おとめ座銀河団」である。地球から見るとおとめ座の方向に存在している銀河団で，およそ 3,000 個以上の銀河の集合体である。先に紹介した楕円銀河 M 87 は，おとめ座銀河団を構成する銀河の中では地球から最も明るく観測される。

(2)　銀河団と銀河の形態の関係

　銀河をその形態で分類していることを紹介したが，この形態と銀河団の中での銀河数密度に関連があることが観測によって明らかにされている。密度とは，単位体積あたりにどのくらい密集しているかを示すものだが，単位体積あたりの質量を示す「質量密度」（単位は kg/m^3 など）のほかに，単位体積あるいは単位面積あたりの個数を示す「数密度」があり，単位として個 $/m^3$ や個 $/m^2$ などと表す。

　銀河団は中心部ほど銀河の数密度が大きく，周辺へ向かうにしたがって銀河の数密度が小さくなる。銀河団中心のような銀河の数密度が大きいところでは楕円銀河とレンズ状銀河の割合が高くなり，逆に周辺部のような銀河の数密度が小さいところでは渦巻銀河と不規則銀河の割合が高くなるという特徴があり，これを「形態−密度関係」という（図 7.6）。しかし，このような関係を引き起こす理由はまだ明らかになっていない。いろいろな銀河の形状は，銀河が誕生したときの宇宙の環境に依存しているから（先天的）という考え方，あるいは誕生した銀河の進化や周辺の環境によるから（後天的）という考え方が提唱され

[4]　銀河系から最も近い距離（約 250 万光年）にある銀河で渦巻銀河である（棒渦巻銀河との研究報告もある）。ハッブルによる観測(1924)によって，アンドロメダ銀河は銀河系の外側に存在することが明らかにされ，宇宙は多数の銀河からなっているという考え方を確立するきっかけとなった。銀河系の直径（約 10 万光年）の 2 倍以上となる巨大な銀河（約 22 万光年）である。

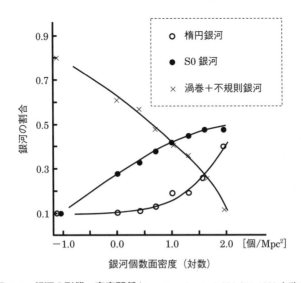

図 7.6 銀河の形態－密度関係(Dressler, A., ApJ, 236, 351, 1980 を改変)
銀河の数密度が大きいところでは楕円銀河とレンズ状銀河(S0)の割合が高くなり，銀河の数密度が小さいところでは渦巻銀河と不規則銀河の割合が高くなる。

ているが，いずれであるか，また両者が影響しているのかを含めてよくわかっていない。

(3) 超銀河団と銀河団の運動

私たちの銀河系に最も近いおとめ座銀河団のほかにも，かみのけ座銀河団やうみへび座銀河団など，1万個以上の銀河団が確認されている。銀河団の名称に星座の名前が付いているのは，地球から見てその星座の方向に存在する銀河団であるからである。同じような名前の付け方をするものに流星群[5]があり，ペルセウス座流星群，ふたご座流星群などがある。

銀河団と，その銀河団の周辺にある銀河群で1億光年を超えるような大きな集合体となっている場合，**超銀河団**と呼んでいる。銀河系の属する局所銀河群は，おとめ座銀河団と連なって**局所超銀河団**と呼ばれる構造になっている。この局所超銀河団を構成している銀河はいずれも，おとめ座銀河団の方向に向かって運動していることが観測されており，おとめ座銀河団の重力に引かれていることを意味する。また，局所銀河群の速度は，おとめ座銀河団に引き寄せられる速度と，局所超銀河団の全体がうみへび－ケンタウルス座超銀河団に引き寄せられる速度を合成することによって説明できることが明らかにされている(図 7.7)。

さらに近年，銀河系を含んでおよそ5億光年の広がりをもつ「ラニアケア超銀河団[6]」という集合体が存在することが示された。これはおよそ 8,000 個にもなる個々の銀河が宇宙空間でどのように運動しているかを観測し，宇宙が膨張していることによる運動成分との差を求め，銀河固有の運動を求めることに

---

[5] 彗星や小惑星が放出した微粒子の集まりの中を地球が移動するときに，多数の流星が観測される。これを流星群といい，毎年ほぼ決まった時期に観測される。

[6] Laniakea はハワイ語で lani(天)と akea(広々とした)を合わせた語。

7.3 宇宙の大規模構造

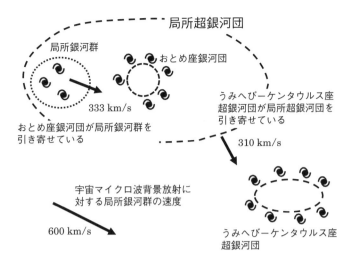

図7.7 局所銀河群とおとめ座銀河団の運動と，うみへびーケンタウルス座超銀河団との関係
局所銀河群はおとめ座銀河団に引き寄せられながらも，局所超銀河団はうみへびーケンタウルス座超銀河団に引き寄せられている。
(Aaronson et al. ApJ, 302, 536, 1986 をもとに作図)

よって，いわば「銀河のマップ」を作成することで明らかになったものである。銀河固有の運動からは，銀河が今後どの方向に運動するかの軌跡を求めることができ，ラニアケア超銀河団に属する銀河はケンタウルス座の方向にある「グレート・アトラクター(巨大引力源)」へ導かれていることが確認された。グレート・アトラクターは銀河の巨大な集合と考えられているが，地球から見ると存在している方向が銀河系の中心の方向に近く，可視光線による観測が非常に難しい。そのため近赤外線による観測などが行われ，想定されている場所に非常に高い密度の領域が存在することはわかったものの，その詳細は現在も不明な点が多い。

7.3 宇宙の大規模構造

銀河から銀河団，超銀河団までを紹介してきた。ここまででも宇宙を構成する天体は階層的に構成されていて，銀河が宇宙にまんべんなく存在しているわけではないことを理解できただろう。では銀河団と銀河団の間のような場所はどのようになっているのだろうか。

7.3.1 銀河は宇宙のどこにある？

銀河はほとんどが銀河団と，複数の銀河団を結ぶ「フィラメント」と呼ばれる細長い帯状の領域に存在している。銀河団はフィラメントによって結び付けられており，フィラメントは低密度の領域「ボイド」を取り囲んでいる。これは石鹸の泡がつくる状況によく似ている。泡がボイドで，泡と泡の接触面が

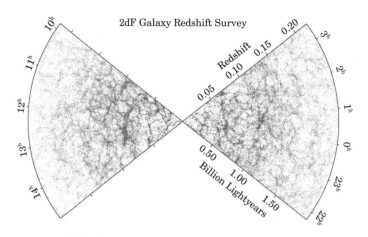

図 7.8　2dF 銀河赤方偏移サーベイによる観測結果(出典：The 2dF Galaxy Redshift Survey)
1個の点が1個の銀河を示す。扇形の中心は銀河系で、遠い銀河ほど扇形の外側にある。
銀河系から遠い位置にある銀河ほど暗くなるため、観測可能な銀河の数は減少する。
図の欠けている領域は銀河系の円盤部のために観測されていない領域だが、この部分
も同様に宇宙の大規模構造が広がっていると推測される。

フィラメントになっている。また、10億光年にも及ぶ「グレートウォール」と呼ばれる板状の巨大な構造も明らかになった。宇宙内部のこのような構造を**宇宙の大規模構造**という。

このような構造を明らかにしたのは1997年から2002年に行われた「2dF銀河赤方偏移サーベイ」や1998年から始まった「スローン・デジタル・スカイ・サーベイ」などに代表される研究プロジェクトによるものである。2dF銀河赤方偏移サーベイでは、19.5等までの23万個以上もの銀河の赤方偏移や位置を観測した(図7.8)。スローン・デジタル・スカイ・サーベイでの観測天体の総数はおよそ2億個にもなり、これは全天の天体の25%にあたる。これらの観測によって明らかになったことは、銀河が密集している部分(銀河団やフィラメント)と銀河がほとんど存在しない部分(ボイド)とがあり、宇宙の大部分はほとんど銀河の存在しない領域である、ということであった。

7章　演習問題

7.1　銀河の中心部には、超大質量ブラックホールが存在していることが多い。私たちの銀河系中心部にも超大質量ブラックホールの存在が示唆されているが、このことはどのようにして観測的に確認されたのだろうか。研究の歴史を調べ、これまでに学んだ「ケプラー回転」という用語を使って説明しよう。

7.2　私たちの銀河系の近傍にある伴銀河として、大マゼラン雲と小マゼラン雲をあげたが、それぞれ銀河系のどのような位置にあるのか、調べてみよ

7.3　宇宙の大規模構造　　　　　　　　　　　　　　　　　　　　　　　　　　　83

う。さらにほかの伴銀河がどのように空間的に位置しているか，調べてみ
よう。

7.3　私たちの銀河系は局所銀河群にあると学んだが，ほかに局所銀河群にあ
る銀河にはどんなものがあり，空間的にどのように位置しているかを調べ
てみよう。

7.4　数密度という考え方を学んだ。地球大気の対流圏や成層圏，太陽中心部
や太陽コロナでの構成粒子の数密度(個 /m^3)はどのくらいになるかを調べ
てみよう。

┌─ コラム 13 ─────────────────────────

散開星団と球状星団

　銀河周辺のハロー内部には，恒星の小規模な集団である「星団」と呼ばれる
天体がある。星団を形成している恒星は同じ時期に同じガス雲から生じたと考
えられる。

　数百個程度の比較的まばらな恒星からなり，全体の形状が不規則な集団を**散
開星団**という。この星団内の恒星は，金属の含有量が高く，太陽と同程度であ
り，銀河円盤を構成している比較的若い星と同様の年代をもつ(種族Ⅰ)。

　数十万個の恒星からなる非常に高密度な星団を**球状星団**といい，これらは自
身の重力の作用によって非常に密集しているため，恒星は球対称に分布し，中
心部ほど恒星の密度が大きくなる。球状星団はそれらが属する銀河が誕生した
ときに同時に誕生した恒星の集まりであると考えられており(種族Ⅱ)，赤色巨
星の多い集団となっている。つまり種族Ⅰよりも種族Ⅱの方が含まれている金
属量は低くなり，より古い時代に誕生したことになる。種族Ⅱよりもさらに古
い恒星(水素とヘリウムしか含まれていない)を種族Ⅲと呼ぶが，現時点で種族
Ⅲの恒星は確認されていない。

　銀河円盤には散開星団が大量に存在し，球状星団はハロー領域に多く存在し
ていることが観測で明らかになっている。銀河系には現在，およそ 2,000 個の
散開星団が発見されているが，散開星団は銀河円盤に存在していることから，
確認されているものは太陽系近傍の 3〜4 kpc 程度の距離までしか明らかでな
い。銀河系に属する球状星団は，およそ 150 個が確認されている。

└────────────────────────────────────

―― コラム 14 ―――

天体への名称の付けかた

一人一人に名前があるように，天体にもそれぞれ規則に従って国際的に共通な，たとえばオリオン大星雲には M 42，らせん星雲には NGC 7293 といった名前（符号）が付けられている。

ある目的に沿って天体をリスト化した「カタログ」をもとに名前をつける方法があり，よく知られているものにシャルル・メシエ（Charles Messier）が 18 世紀に作成したメシエ天体がある。メシエは彗星の発見に熱心で，彗星ではないが彗星のように見える星雲状の天体をリストにした。このリストに掲載された天体がメシエ天体である。カタログをもとに付けられる名前は，カタログの略称＋数字で表される。ドライヤー（John Dreyer）は見かけの様子が恒星とは違う天体を集めた New General Catalogue of Nebulae and Clusters of Stars を作成し，略して NGC カタログと呼ばれる。NGC 7293 は NGC に収録されている天体である。現在では，インターネットで 20,000 種以上のカタログを検索できるシステム（http://cds.u-strasbg.fr/）がストラスブール天文データセンターから提供されている。

ほかの名付けかたとして，17 世紀初めにバイエル（J. Bayer）が考案したバイエル符号がある。これは星座ごとにほぼ明るい順に，α，β，γ…と付けたもので，たとえばオリオン座のベテルギウスには α Orionis（オリオン座 α 星）のように符号化されている。

8. どうして夜空は暗いのだろう？

　　ここまで，宇宙にはどんな天体があるのか，また宇宙はどのような構造をしているのかについて取り上げてきた。さて，次のような質問をされたら，あなたはどのように答えるだろうか。

　　かつて天文学者は，宇宙には無数の恒星がほぼ一様に存在し，どの方向を指差してもその先には恒星が存在していると考えた。それらの恒星からの光が地球に届いているはずで，そうなると地球の夜空も星の光に満ちており，昼間と同じように明るいはずだと考えたが，現実にはそうなっていない。なぜ，夜空は暗いのだろうか。

8.1　宇宙観の歴史

　　先の質問は「オルバースのパラドックス」と呼ばれるもので，私たちの宇宙観を問いかける問題であると考えることもできる。古代から人々は宇宙を思い描いてきたが，その歴史に触れてみよう。

　　宇宙がどのようにできたのかを説明する神話は，世界中のいろいろな場所で，その地に特有な環境の中で作り上げられてきた。極めて科学的に説明する現代の宇宙論と比べれば，単なる想像だと思うかもしれないが，人々が生きていた環境に合わせた神話が存在する点は興味深いことでもある。いくつかを紹介すると，

　　・**エジプト神話**・・・大気の神シューが，大地の神ゲプと天空の女神ヌトを引き離したことにより，世界が大地と天空に分かれた。大地の下には冥界であるドゥアトがあり，ドゥアトは大地と天空の境に入り口があるとされた。太陽神であるラーは太陽という船に乗り，日中はヌトの体の中を通ってその光で世界を賑わせ，西に沈むとドゥアトを通って翌朝になると東から出てくる。

　　・**北欧神話**・・・北のニヴルヘイム（氷）と南のムスペルヘイル（火）以外は何もなかった時代のこと，これら2つの間にギンヌンガガプと呼ばれる大きな淵があった。この淵では寒気と熱気が衝突して霜が滴となり，そこから巨人ユミルが生まれた。ユミルの死後，その体から宇宙がつくられ，ムスペルヘイルからやってくる火の粉が太陽や星になった，とされる。

・**中国神話**…もともと天と地は接していた。天地開闢の神である盤古が生まれると，盤古は成長とともに天を持ち上げ，18,000歳のときに完全に天地を分離したとされている。盤古の目が太陽と月になったとも伝えられる。

さまざまな創世神話が各地に伝えられているが，当然のようにこれらの神話を信じる現代人はいない。当時の人々もあくまで神話として受け入れ，宇宙の創世について好奇心や興味を抱いていたのだろうと考えられる。また，古代インドの宇宙観として「大地は4頭の象に支えられ，象は亀の甲羅の上に立ち，さらに亀はとぐろをまいた大蛇の上に乗っている」というものが紹介されることがある。しかし，この話は19世紀になってからの欧米の作家の創造であり，古代インドで語られたものではないという。人類が宇宙について考えを巡らすことが，天文学のはじまりにつながった。夜空に輝く星々を記録して，その運動に周期性を見出して季節を正確に認識できることに気がついたり，ほかの星とは運動の傾向が異なる惑星があることを知ったりすることから，これらの現象の説明を考え出すことへとつながっていった。天文学は人類最古の学問と言われるが，このような探究活動が自然界のさまざまな法則を見出す科学へとつながっていったことを考えると，神話がなぜそのように作られたのかを思い巡らすことは科学的視点からも興味深い点があるのではないだろうか。各地の神話の研究が進み，これまでの解釈とはまた違った宇宙観が明らかになることも，自然科学としての宇宙論の歩みと変わりはないのかもしれない。

8.2　18世紀までの宇宙

18世紀まで宇宙全体の構造についての知識はほとんど得られていなかった。たとえば私たちの銀河系についての知識も，遠く離れた星々からつくられているという紀元前のデモクリトスの考え方から大きく進むことのないまま18世紀まで時間が経過した。

ハーシェル(William Herschel)は観測領域を683個の領域に分けて恒星がいくつあるかを観測し，銀河系のおおよその形状を初めて明らかにした(1788年)。この観測で，ある領域には星が大量に存在する一方で，星をほとんど観測することができない領域があることを明らかにした。ハーシェルは地球から観

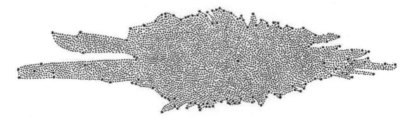

図8.1　ハーシェルが観測に基づいて描いた銀河系の構造
(出典：William Herschel, Esq. F. R. S., Phil. Trans. Roy. Soc., 75, 213, 1785)

測したときの恒星の明るさが距離の2乗に反比例し，すべての恒星の実際の明るさはすべて等しいと仮定し，さらに比較的明るい恒星のみを観測したことから，銀河系の直径はおよそ6,000光年，厚さは1,100光年で，太陽系が銀河系のほぼ中心に位置すると考えた。これは現在知られている銀河系の値に比べればおよそ1/20に過小評価されているが，前述の仮定によるものである。しかし，個々の恒星までの正確な距離や，それぞれの光度を知ることができなかった時代に，大量の観測事実を積み上げた成果は高く評価される。天の川のどの部分にもほぼ同じ数の恒星を観測したため，私たちの太陽系が銀河系の中心に存在すると考えられた。恒星と私たちの間に塵やガスが存在すると，恒星からの光を遮ってしまうが，当時は宇宙空間の塵やガスの存在や役割は知られておらず，このような結論が導かれていた。

　ハーシェルは口径1m以上の大型望遠鏡を含む400台以上の望遠鏡を製作した。この時代から天体望遠鏡を備えた多くの天文台が建設され，より多くの天体の観測や，新しい天体の発見へとつながっていった。

8.3　銀河系の外にも銀河がある？

　ハッブル宇宙望遠鏡に名を残したハッブルが多数の銀河を観測し，分類したことは既に述べたが，ハッブルには他にも業績がある。それは，銀河系の外に別の銀河があることを明らかにした(1924年)ことだった。さらに，銀河のほとんどが銀河系から遠ざかっているという事実を発見した。

　ハッブルはウィルソン山天文台で多数の天体を観測した。この当時は周期的に明るさを変えるセファイド変光星の存在が知られており，この変光周期から絶対等級を求められ(「周期―光度関係」(図8.2))，絶対等級と実視等級を比べれば変光星までの距離を知ることができる。1923年にハッブルはアンドロメダ星雲[1]に複数の変光星を発見した。変光周期を調べるため，さらに約5カ月をかけて光度変化を観測し続けた。

　ちょうどこのころ，天文学上の「大論争」と呼ばれる議論が白熱していた。これは1920年に米国科学アカデミーの討論会で行われた，シャプレー(Harlow Sharpley)とカーチス(Heber Curtis)との議論である。シャプレーは銀河系の大きさは約30万光年の直径で，当時発見されていた渦巻星雲は銀河系の内部に存在すると主張した。一方のカーチスは，銀河系の大きさは約3万光年の直径で，渦巻星雲は銀河系の外部にあると主張していた。彼らの主張した銀河系の大きさは，いずれも現代の知見とは異なっているが，それぞれの主張には当時の科学的根拠があった。

　この大論争に決着をつけたのがハッブルであった。アンドロメダ星雲内に発見したセファイド変光星の周期―光度関係から，アンドロメダ星雲とされていた天体は地球から825,000光年の位置にあることを見出した。この数値は明らかに銀河系の外側に存在することを意味していた。天体望遠鏡で暗い斑点状に

1) 当時は銀河系外の銀河の存在が知られていなかったため，銀河は塵やガスからなる星雲と混同されていた。その当時の名残りで，アンドロメダ銀河を現在もアンドロメダ星雲と呼ぶことがある。

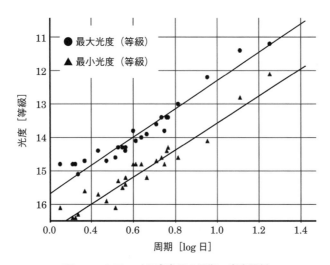

図 8.2 セファイド変光星の周期－光度関係

セファイド変光星には，変光周期とその光度に上のグラフのような相関があることがわかっている。セファイド変光星の観測から変光周期を明らかにできれば，対応する光度を絶対等級で求めることができる。Ia 型超新星爆発と同様に，この関係を宇宙の標準光源として利用することができる（コラム 10. Ia 型超新星爆発による距離計測を参照）。つまり，セファイド変光星を見つけられれば，その天体までの距離を知ることが可能になる。

(Leavitt, H. S. & Pickering, E. C. Harvard College Observatory Circular, 173, 1, 1912 をもとに作成)

観測される光が星雲ではなく，銀河系と同じように大量の恒星が集まったものもあったのである。これで宇宙の概念が一気に変わった。銀河系は宇宙にただ一つある銀河ではなく，銀河系の外側にはいくつもの銀河が存在しているという宇宙構造が示されたのである。そしてそれらの銀河には宇宙のさらなる構造を明らかにする鍵が示されていた。

8.4 遠ざかる銀河

　　1912 年にスライファー（Vesto Melvin Slipher）は渦巻銀河（当時はこれらが銀河系の内部にあるのか外部にあるのかは明らかでなかった）のスペクトルが赤方偏移していることを発見していた（ただし，アンドロメダ銀河が青色偏移していることも観測していた）。

　　スペクトルとは天体から届く光を波長ごとに分けたもので，スペクトルを得るための装置を**分光器**と呼ぶ。白色光をプリズムに通せば，プリズムの先には虹の色に分かれた光が投影される（図 8.3）。光は波長によって屈折率が異なり，可視領域であればそれぞれの波長の光は特有の色を示すため，このような現象が生じる。ここではプリズムが分光器の役割を果たしていることになる。

8.4 遠ざかる銀河

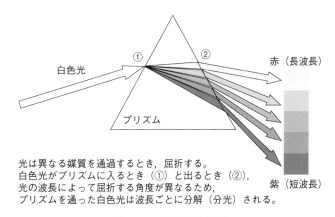

光は異なる媒質を通過するとき，屈折する。
白色光がプリズムに入るとき（①）と出るとき（②），
光の波長によって屈折する角度が異なるため，
プリズムを通った白色光は波長ごとに分解（分光）される。

図 8.3 プリズムの役割

白色光がプリズムを通る際，それぞれの波長によって屈折率が異なるため，異なる位置に投影される。それぞれの波長の光は可視領域であれば特有の色を示すため，虹の示す色が投影されることになる。このスペクトルは後述の連続スペクトルである。

8.4.1 分光によって何がわかるのか？

太陽のような恒星からやってくる光を分光すると，いくつかの波長の位置に暗い線を示すことがある。あるいは，高温のガスでできた星雲からの光を分光すると，明るい線が見られることがある。これらの暗い線や明るい線を**スペクトル線**と呼ぶ。スペクトル線は天体ごとに異なっており，同じ天体であれば常に同じスペクトル線が見られる。このスペクトル線はその天体を構成する物質の元素の種類によって決まっており，どのようなスペクトル線を観測できるかによって，その天体の大気にどのような元素が含まれているかがわかる。

スペクトル中の暗い線は，天体から放たれた光が温度の低いガスを通過するときに生じるもので，**吸収スペクトル**という。ガスを構成する原子は，天体からの光のうち特定の波長を吸収する。この状況を地球から観測すると，天体からの光を分光した結果，特定の波長が抜けているように見える。また，スペクトル中の明るい線は，高温のガスを構成する原子から放射される光によるもので，**輝線スペクトル**という。スペクトルにはもう一つあり，太陽などの恒星が放つ光のように幅広い波長にわたって分光されるものを**連続スペクトル**という。これらの3種類のスペクトルを図8.4で示した。

8.4.2 スペクトルと赤方偏移はどう関係するか？

スライファーは渦巻銀河のスペクトルが赤方偏移していることを発見したと述べたが，このことが何を意味するのか説明する。

光(電磁波の一種であり，特に可視光のことを光ということがある。ここでいう光は可視光に限らず，電磁波すべてのことである)は波の性質の一面をもち，ドップラー効果を示す。ドップラー効果は日常的にもよく経験されている現象で，救急車が自分に近づいてきているのか，あるいは遠ざかっているのか

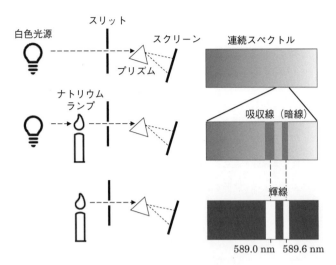

図 8.4　3 種類のスペクトル

白色光源とスクリーンの位置関係は，それぞれ天体と観測者になぞらえることができる。天体からの光は，あらゆる波長の光を含んでおり，プリズムで分光すれば連続的に変化する様子を確認できる（図上段）。白色光源とスクリーンの間にナトリウム原子を含む物質が存在していれば（図中段），ナトリウム原子が特定の波長の光を吸収するため，その波長付近の光が減衰し，暗線が観測される（ナトリウム原子に吸収された光は，やがて再放出されるが，もとの光とは異なる方向に放出される）。また，ナトリウム原子が発光している状況での光を観測し，スペクトルに通せば（図下段），ナトリウム原子に特有な輝線が観測される。

は，サイレンの音を聞き分けることで判断できる。音を出している物体が自分に対して近づいてくれば音が高く（波長が短くなる），逆に遠ざかっていれば音が低く（波長が長くなる）聞こえる（図 8.5）。これを**ドップラー効果**といい，波が示す性質の一つである。

　光が示すドップラー効果を考えたとき，何をもってドップラー効果が示されていると考えればよいだろうか。その一つが，前述したスペクトルである。実験室で計測された元素の吸収線あるいは輝線のスペクトルを得ていれば，観測された天体のスペクトル線の位置を比較することによって，それらの波長がどれだけ移動しているかを知ることができる。この波長の移動は，ドップラー効果によって生じたものだと考えられる。ドップラー効果は，観測対象と観測者の間の距離の変化（これを**視線方向の速度**という）によって生じ，視線方向に対して垂直な方向の変化については計測できない。

　スライファーが 1915 年までに得た 15 個の渦状星雲に対する分光観測の結果は，以下のようなものだった。

　　　　近づいてくる速度をもつもの…3 個
　　　　速度の変化が小さいもの…3 個
　　　　遠ざかる速度をもつもの…9 個

8.4 遠ざかる銀河

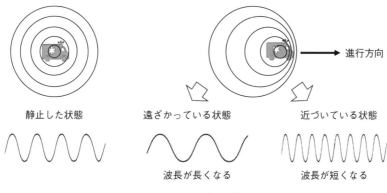

図 8.5 ドップラー効果

静止した救急車のサイレンの音は，救急車を中心に同心円状に広がっていく。救急車が動いていれば，進行方向にいる人には波長の短い(高い)音が聞こえる。進行方向と反対にいる人には波長の長い(低い)音が聞こえる。

その後もスライファーは観測を継続し，合計で 25 個の星雲の計測を行った結果，遠ざかる速度をもつ星雲の比率も増えていった。

コラム 15

ドップラー効果

波の発生源や観測者が移動することで，波の発生源と観測者との間に相対的な速度が生じたとき，観測者の観測する波の周波数(振動数)が，発生源での周波数と異なって観測されることを**ドップラー効果**という。

周波数 f の発生源の速度を v_s，観測者の速度を v_0，観測者が観測する波の周波数を f'，波の速度を V とすれば，波源から観測者に向かう向きを正にとると，以下の関係式で示すことができる。

$$f' = f \frac{V - v_0}{V - v_s}$$

ドップラー効果は波であれば必ず生じる現象であり，本文に示したとおり波である光でも生じることから，観測される銀河が地球に対してどのような速度で運動しているかを知ることができ，ハッブルによる銀河の観測から宇宙が膨張しているという事実を知ることができる。

アインシュタインは，一般相対性理論に基づく「重力波」の存在を予言していた。重力とは時空の歪みであることを示したのが一般相対性理論であるが，この時空の歪みの時間的な変化が波となって光速で伝わると考えた。この重力波を直接的に検出することは非常に困難であったが，2015 年になってアメリカの LIGO で人類史上初めて検出された。

8.4.3 銀河が遠ざかっていることをどう説明するか？

しかし，スライファーの観測には望遠鏡の性能という限界があった．より大型の望遠鏡を備えていたウィルソン山天文台でハッブルとヒューメイソン (Milton Humason) は，スライファーの観測できた星雲より暗いものも多数観測し，視線方向の速度とその天体までの距離を求めた．1929 年にはその結果を発表し，図 8.6 に示すように，地球から銀河までの距離と，その銀河の遠ざかる速度には比例関係があることを明らかにした．

ハッブルが明らかにしたことは，銀河が遠方にあればあるほど，地球から大きな速さで遠ざかっているということである．このような「宇宙のどの方向を見ても，遠方の銀河ほど速い速度で銀河系から遠ざかり，その遠ざかる速度は銀河までの距離に比例する」ことを**ハッブル-ルメートルの法則**[2]という．ハッブルの発見は，宇宙が膨張している証拠だったのである．

図 8.6 のグラフに示された，銀河の遠ざかる速度 [km/s] と銀河までの距離 [Mpc] を関係づける直線の傾きの値を**ハッブル定数**と呼び，[km/s/Mpc] の単位をもつ．ハッブル定数は現在の宇宙の膨張率を示す値である．宇宙の膨張速度が一定だと仮定すれば，おおよその宇宙の年齢を求めることが可能となる．ハッブルが 1929 年に発表した論文では，ハッブル定数をおよそ 500 としていたが，ハッブルが銀河までの距離を求めるために用いた変光星には複数の種類のものが混じっていた．バーデ (Walter Baade) によってすべての変光星が同じ方法で距離計測を行うことができないことが明らかにされ，データが再検討されてハッブル定数は当初の半分（宇宙の広さは 2 倍）になった．さらに，観測技術の向上などで 1960 年代にはおよそ 100 とされるようになる（宇宙の広さはハッブルの時代の 5 倍）．その後，いろいろな方法でハッブル定数が求められており，現在のところハッブル定数はおよそ 70 と考えられている．

---

[2] ルメートル (Georges Lemaître) はアインシュタインの一般相対性理論の解として，1927 年に銀河の遠ざかる速度と距離の関係を導いていた．ルメートルの発表はフランス語で書かれていたために広く知られることはなかったが，後になって宇宙膨張を最初に発表したルメートルを讃え，これまで「ハッブルの法則」とされていたものを「ハッブル-ルメートルの法則」とすることが 2018 年の IAU 総会で決議された．

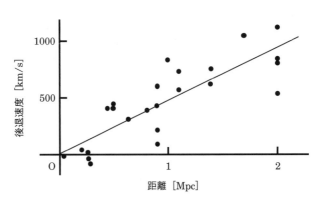

図 8.6　星雲に対する距離と後退速度の関係

距離を計測できた 24 個の星雲を横軸に，視線方向の速度を縦軸にとったときのグラフである．遠方にある銀河ほどより大きな速度で遠ざかっていることが示されている．

(Hubble, E., Proc. Natl. Acad. Sci. U.S.A., 15 (3), 168 より作成)

8.4.4 すべての銀河が地球から遠ざかる＝地球は宇宙の中心か？

ハッブル－ルメートルの法則を考えれば，まるで地球が宇宙の中心にあるように感じてしまう．しかし，「人間中心主義」はかつての天動説のとおり否定されたはずである．遠方の銀河がすべて遠ざかっていることと，私たちが宇宙空間の中心でないことをどのように結びつけられるだろうか．

宇宙のどの方向を向いても，遠方の銀河ほど大きな速度で遠ざかる状況を図示したものが，図8.7である．左から右に宇宙が進化すると考えよう．宇宙空間のA, B, Cのどの点で観測しても，遠方の銀河は遠いほど大きな速度で遠ざかっていくことを理解できるだろうか．ハッブル－ルメートルの法則は，宇宙が一様に，等方的に膨張していることを示すものだ．このことから，必ずしも地球は宇宙の中心に存在しなくても，ハッブルが観測した事実を説明できる．

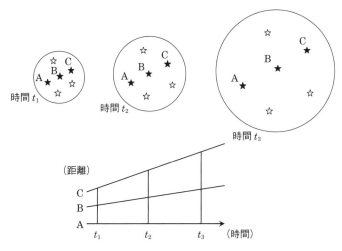

図8.7　ハッブルールメートルの法則を図示したもの

グラフは横軸に時間，縦軸に天体(A,B,C)間の距離をとった．このグラフの傾きは速さを示すことになる．遠いところにある天体ほど，遠ざかる速さは大きくなることがわかる．

8.5　宇宙が暗いわけ

ここまで，宇宙が膨張している証拠を説明や遠ざかる天体からの光(電磁波)の波長が長い方へとずれることも説明した．この章の最初の質問である「なぜ，夜空は暗いのか」について考えよう．数学の積分を理解している読者であれば，オルバースのパラドックスを数学的に表すことができるだろう．

ここで，「本当に宇宙には夜空を覆い尽くすほどの天体が存在するのか」という疑問が生じる．観測的な事実と理論的な推測から，実際には天体は夜空を覆い尽くすほど多くはないと考えられている．また，光の速度は有限であり，ある天体から放たれた光が地球に届くには有限の時間がかかること，さらに光を放つ恒星には寿命があり，永遠に輝くことはできないことなどから，夜空が光

で満たされることはないと説明されている。

この章で扱った赤方偏移によって，可視光として放射された光がより波長の長い赤外線や電波となって地球に届くため，私たちが可視光として認識できないという理由もありそうだが，この影響はわずかな寄与しかもたらさないことが理論的な研究から明らかになっている。

コラム 16

黒体輻射

外部から入ってくる電磁波をすべての波長で反射することなく吸収し，自らも熱放射できる物体を**黒体**と呼ぶ。黒体はあくまで仮想的なものであるが，実在する炭は黒体に近い。黒体は，その温度に対応したエネルギーを電磁波として放射する。黒体と見なすことができる物質が放射するエネルギー分布は，物質の温度にのみ依存する（プランクの法則）ことが知られており，下のグラフは各温度に対応した波長ごとの輝度を示しており，輝度は放出するエネルギーに対応する。このことから，天体がどの波長域のエネルギーを放出しているかを計測できれば，温度を推測することができる。黒体の温度が高くなると，放射するエネルギーのピークの値が波長の短い方へとずれていく（ヴィーンの変位則）。黒体から放射されるエネルギー量は，ピークとなる波長を境にして，短波長側で全体の 25％，超波長側で 75％ を占める。

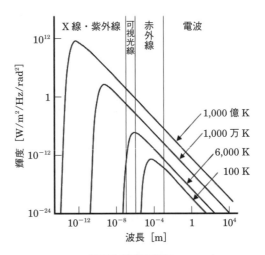

波長と輝度の関係

両軸とも対数目盛りを用いている。縦軸の輝度はエネルギーに対応する。エネルギーのピークとなる波長は，物体の温度が高くなるほど短波長側にずれていく。太陽の表面温度は約 6,000 K であり，可視光の波長にエネルギーのピークをもつ。
（福井康雄・犬塚修一郎・大西利和・中井直正・舞原俊憲・水野亮 編 『星間物質と星形成（シリーズ現代の天文学 第 6 巻）』2008 年 日本評論社 p.20 を参考に作図）

8章 演習問題

8.1 Ia 型超新星爆発やセファイド変光星が「宇宙の標準光源」として活用できることを学んだ。ほかに宇宙の標準光源として活用できる天体にはどのようなものがあるのか，調べよう。

8.2 プリズムは光を波長ごとに分解できる装置で，図 8.3 には可視光線をスペクトルに分解した様子を示した。プリズムがなぜ波長ごとに光を分解できるのか，原理を説明しよう。また，太陽から届く電磁波をプリズムに通したとき，可視光線以外の紫外線や赤外線はどのような位置に分解されるか，説明しよう。

8.3 地球から太陽系外惑星を観測したとする。この惑星からは中心の恒星の光を反射した光が地球に届くことになるが，惑星の軌道運動によってその光が赤方偏移したり青方偏移したりすることはあるだろうか。地球と太陽系外惑星の位置関係を示しながら説明しよう。

8.4 天体はさまざまな表面温度を示す。たとえばブラックホール周辺の降着円盤や，オリオン座のベテルギウス，太陽系惑星の木星，さらに小惑星リュウグウなどの表面温度を調べ，どのような種類の電磁波を最も強く放射しているのか説明しよう。

コラム 17

ハッブル定数と重力波

　ハッブル定数は宇宙の性質を特徴づける物理量(宇宙論パラメータと呼ばれ，ほかに宇宙における原子物質の密度や暗黒物質の密度などがある)の一つであり，現在の宇宙の膨張速度を表す重要な値である。銀河が距離に比例した速度で遠ざかっているというハッブル–ルメートルの法則は，銀河までの距離を r[Mpc]，銀河の遠ざかる速度を v[km/s]としたとき，

$$v = H_0\, r$$

と表され，比例定数 H_0[km/s/Mpc]がハッブル定数である。

　ハッブルが 1929 年に発表した論文では，2 Mpc までの距離にあり，遠ざかる速度が計測された 24 個の銀河についてハッブル定数が求められた。このときの値はおよそ 500 km/s/Mpc であったが，銀河までの距離が過大評価されていたために，現在考えられているハッブル定数とはかけ離れていた。現在では，数百 Mpc の距離スケールまでの銀河に対して，ハッブル–ルメートルの法則の比例関係が成り立っていることがわかっている。

　ハッブル定数が宇宙論パラメータの一つであることから，この精確な値を知るための研究が精力的に行われている。銀河の遠ざかる速度はスペクトルの赤方偏移から計測できるものの，遠方の銀河までの距離を精確に計測することは難しい(天体までの距離の計測については 13.1 節を参照のこと)。そのため，ハッブル定数の変遷の歴史は，天体までの距離を計測する技術の進展の歴史でもあると言える。

　天体までの距離を推測するために，重力波を利用する方法に着目されている。連星系の高密度天体の合体によって生じた重力波の観測で得られた波形と時間進化を解析することによって，連星系までの距離を直接的に計測することが可能であることが示されている。2017 年に観測された，中性子星同士の合体で観測された重力波の解析によって得られた連星系までの距離と，対応する天体の電磁波による観測で得られた天体が遠ざかる速度から，ハッブル定数はおよそ 70 km/s/Mpc と算定された。今後の重力波観測によって，ハッブル定数をより高い精度で絞り込むことが期待されている。

---

9. 宇宙をどうやって観測 しているのだろうか？

　宇宙を知るために，さまざまな観測を行っていることをすでに述べた。天体から届く情報は私たちに身近な可視光線だけでなく，赤外線やX線，γ線などのいろいろな種類の電磁波であり，それらを効率よく観測するために地上の天体望遠鏡のみでなく，宇宙空間に打ち上げた宇宙望遠鏡が存在していることも紹介した。ここでは，宇宙を観測する方法についてさらに詳しく説明し，宇宙開発の課題についても解説しよう。

9.1　人類史上最高の成果を収めたハッブル宇宙望遠鏡

　すでに紹介したとおり，ハッブル宇宙望遠鏡(図9.1)は1990年に打ち上げられた宇宙望遠鏡で，近赤外領域—可視光領域—近紫外領域の電磁波[1])を捉えることができ，直径2.4 mの主鏡が搭載されている。ハッブル宇宙望遠鏡から地上に送られた画像は高解像度で広視野を撮影できるカメラによるものであり，

1) 波長で示すと 115 – 1170 nm になる。

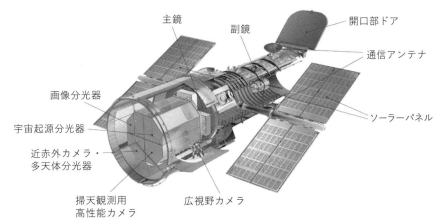

図9.1　ハッブル宇宙望遠鏡の構成図(©NASA Goddard Space Flight Center)
　　さまざまな観測機器が搭載され，ソーラーパネルで動力を得ている。
　　全体でバス1台ほどの大きさである。

表 9.1　グレートオブザバトリー計画による宇宙望遠鏡

・コンプトン宇宙望遠鏡	γ線から硬X線	1991 — 2000
・チャンドラ宇宙望遠鏡	軟X線	1999 —現在
・ハッブル宇宙望遠鏡	紫外線から可視光	1990 —現在
・スピッツァー宇宙望遠鏡	赤外線	2003 —現在

近くにある恒星の形成から非常に遠い宇宙の銀河まで，あらゆるものを撮影してきた。

　ハッブル宇宙望遠鏡は米国 NASA が計画した「グレートオブザバトリー計画」という 4 基の宇宙望遠鏡によって γ 線から赤外線までの幅広い電磁波による宇宙観測の一環として，スペースシャトルで打ち上げられたものである。この計画は，γ 線から硬 X 線までをコンプトン宇宙望遠鏡，軟 X 線をチャンドラ宇宙望遠鏡，紫外線から可視光までをハッブル宇宙望遠鏡，赤外線をスピッツァー宇宙望遠鏡によって電磁波の領域をカバーし，それぞれ地上の望遠鏡では得られないデータを収集し，多大な観測成果をあげた(表 9.1)。

　ハッブル宇宙望遠鏡の最大の特徴は，打ち上げ時に搭載された観測機器を宇宙空間で更新されるように設計された点にある。実際に 1993 年から 2009 年の間に新しい観測機器がスペースシャトルの宇宙飛行士によって持ち込まれ，必要な修理も行われた。たとえば 2009 年の作業によって，観測できる電磁波領域に近赤外領域が追加された。このような運用は，ハッブル宇宙望遠鏡が比較的地球に近い軌道を周回することと，スペースシャトル計画の実施によって可能となった。スペースシャトル計画はオービターと呼ばれた繰り返し使用できる有人宇宙船を用いた宇宙輸送計画の一環で，人工衛星や宇宙探査機の打ち上げ，宇宙空間での科学実験の実施，**国際宇宙ステーション**(ISS：International Space Station)の建設などに成果をもたらしたが，2011 年をもって計画が終了している。この宇宙望遠鏡の設計時には 15 年ほどの運用を計画していたが，すでに 30 年以上を過ぎた現在も観測を行っている。

　ハッブル宇宙望遠鏡は街を走っているバス程度の大きさで，エネルギー源は太陽光発電が採用されている。ソーラーパネルで太陽光を受けて発電しており，6 個の水素ニッケル電池に蓄電している(図 9.1)。

　この宇宙望遠鏡は人類史上最高の成果を収めたと言われ，たとえば宇宙の年齢がおよそ 138 億年であることや，宇宙の膨張を加速させている暗黒エネルギーが存在することを明らかにした。多数の銀河の観測は，銀河進化のあらゆる段階を捉えることを意味する。天文学者はハッブル宇宙望遠鏡で撮影された銀河から，それらがどのように形成され，進化するかを理解できるようになった。私たちの太陽系のような惑星系の初期段階である，原始惑星系円盤の発見もハッブル宇宙望遠鏡の成果である。さらに，宇宙空間で最も強力なエネルギー放出現象である γ 線バーストが，はるか遠方の銀河で大質量星の崩壊に

よって生じるらしいことも明らかにした。

　ハッブル宇宙望遠鏡が撮影した大量の画像は，NASA[2]やESA[3]のそれぞれ特設されたウェブサイトに公開されている。可視光線による画像だけでなく，紫外線によって撮影された画像の場合には，紫外線の3種類の波長に青・緑・赤を割り当てて直感的に把握できるような画像にする（疑似カラー化）などの工夫が施されている。また，FITS形式[4]の画像ファイルも多数公開されており，天文学の教育や専門家の研究にも使用されている。

9.2　ハッブル宇宙望遠鏡の後継に相当するものはあるか？

　現在もさまざまなデータを地上に送り続け，天文学で偉大な功績を収めているハッブル宇宙望遠鏡であるが，すでに耐用年数を超えていることから，その後継機として次世代宇宙望遠鏡の打ち上げが計画された。当初は2011年の打ち上げが計画されていたが，開発コストの増大や技術的な問題解決などの理由から，実際の打ち上げは2021年12月となった。宇宙望遠鏡には功績のあった天文学者や物理学者の名前を冠するのが通例であったが，この新型望遠鏡はNASAの2代目長官で，アポロ計画の基盤を築いたジェイムズ・ウェップ（James Webb）の名が冠された。

　ジェイムズ・ウェップ宇宙望遠鏡は，およそ6.5mの主鏡で赤外線を検出する宇宙望遠鏡である。ハッブル宇宙望遠鏡の主鏡（およそ2m）より大型化し，高い観測性能を有しており，宇宙で最初に輝いた星（ファーストスター）の検出，地球のような生命体をもつ可能性のある惑星系の検出，太陽系の形成史を明らかにすることなどが目的となっている。約半年後の2022年7月にはすべての調整が完了し，ファーストライト（最初の観測データ）として，銀河系内の散光星雲[5]で星が誕生している現場であるカリーナ星雲や，「ステファンの五つ子銀河」[6]と呼ばれる銀河集団が撮影された。ハッブル宇宙望遠鏡からのデータと比較すると，この領域に含まれる星をより詳細に分解できていることが明らかであった。

　ジェイムズ・ウェップ宇宙望遠鏡の観測で最も重要な主鏡は，大きなパラボラアンテナで，折り畳まれた状態で打ち上げられ，宇宙空間で展開された。赤外線を1点に集めることができるように設計され，18枚の六角形をしたセグメントでできている（図9.2）。打ち上げ後，この18枚のセグメントが展開され，それぞれの位置を微調整して赤外線が正しく1点に集まるように調整された。

　ジェイムズ・ウェップ宇宙望遠鏡に期待されているミッションに，ファーストスターの観測がある。宇宙の誕生からおよそ2億年後と考えられている宇宙で最初に輝いた星からの電磁波を検出することであるが，この頃に輝いていた星からの光は赤方偏移によって波長が引き伸ばされ，現在は赤外線領域の波長になっていると考えられており，ファーストスターについての新たな知見が得られる可能性がある。

[2] https://science.nasa.gov/mission/hubble
[3] https://esahubble.org
[4] 天体画像データとともに，分光データやカタログ，表データなどが同時に格納されており，天体画像を用いた研究で標準的なファイル形式である。専用のソフトウェアが必要になるが，無料で提供されている。

[5] 可視光線で観測される，比較的大きく広がったガスの集まり。オリオン大星雲（M42）などがある。

[6] 5個の銀河が非常に近い位置にあるコンパクトな銀河集団であるが，実際には4個の銀河が物理的に重力的に相互作用している。残りの1個の銀河は見かけ上，近接しているだけで実際の距離が大きく異なる。

図 9.2 ジェイムズ・ウェッブ宇宙望遠鏡の外観図(©NASA Goddard Space Flight Center)
画像上部のパラボラアンテナのように見える直径 6.5 m の主鏡によって赤外線を集め，高解像度の撮像を行う。下部の層状構造になっているものが遮光シールドである。

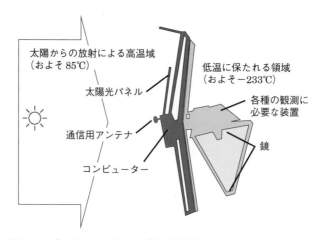

図 9.3 ジェイムズ・ウェッブ宇宙望遠鏡で赤外線を遮蔽する様子
地球に太陽が遮られるとはいえ，太陽からの放射は強力であるために遮光シールドを用いて完全に遮蔽している。(Northrop Grumman 社の資料を参考に作成)

　　　赤外線を高い精度で観測するためには，観測天体以外からの赤外線を遮蔽する必要がある。太陽や地球からの赤外線のほかにも，宇宙望遠鏡自体から放射される赤外線もノイズの原因となる。図 9.3 に示すように，ジェイムズ・ウェッブ宇宙望遠鏡のアンテナがある方向は常に −233 ℃の低温に保たれるように工夫されている。太陽からの放射が当たる方向は 85 ℃の高温に達するが，5 層の遮光シールドによって熱が観測機器に到達しないように設計されている。また，ジェイムズ・ウェッブ宇宙望遠鏡が観測を行う位置にも特徴があり，

太陽が地球に隠れている位置で観測を行うため，地球で見る皆既日食のような状況になり，強い太陽光を遮っている．

9.3 人類が最も遠くに飛ばした探査機はなんだろう？

　1957年にソ連が打ち上げた人工衛星「スプートニク1号」以来，人工衛星や宇宙探査機の打ち上げが行われている．現時点で最も遠方まで到達した人工物はなんだろうか．

　1977年，米国NASAが太陽系の惑星探査を目的として8月に「ボイジャー2号」，9月に「ボイジャー1号」を打ち上げた[7]．太陽系内の惑星はそれぞれが太陽を楕円の焦点とする楕円軌道(かなり正円に近い)を描くが，より遠くの惑星を効率的に探査するためのボイジャーの軌道を算出したとき，遠方の惑星が一直線に近い配置で並んでいれば，それぞれの惑星の重力を利用して航行できる(スイングバイ航法)．1970年代後半から1980年代にかけて，このような惑星配置が実現したことは，ボイジャー探査機による惑星に関するさまざまな知見をもたらすという成功に導いた大きな要素であろう．

　ボイジャー探査機にはカメラや磁力計，分光器，プラズマ計測器，ダスト計測機などの観測装置が搭載され，原子力電池によって駆動されている．現在は電池出力が低下していることから，必要な観測装置を残して電力を節約しながら，さらに遠方へと航行を続けている．

　2024年9月で，ボイジャー1号・2号はそれぞれ太陽からおよそ165 au[8]，

[7] 当初の予定では同じ日に打ち上げられることとなっていたが，ボイジャー1号にシステム上の問題が発見され，16日後の打ち上げに延期された．

[8] 天文単位．1 au は太陽と地球の間の平均距離．

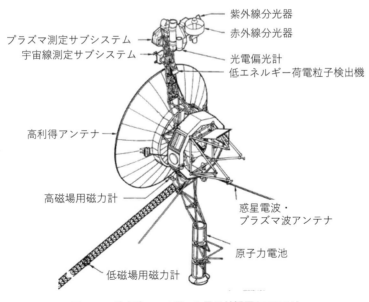

図9.4　ボイジャー1号・2号の外観図(©NASA)
現在も地球に向けて観測データを送り続けている．

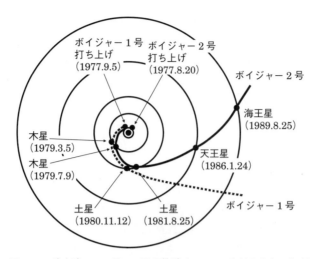

図9.5　ボイジャー1号・2号の軌跡（NASAの資料をもとに作成）
それぞれの惑星を探査した後，現在は太陽風の影響が届く太陽圏を越え，星間空間を飛行している。

　138 au の距離を航行中で，ボイジャー1号は人類が最も遠くに飛ばした人工物体である。ボイジャー1号は木星・土星を，ボイジャー2号は木星，土星，天王星，海王星に接近して観測を行った後，いずれも現在は太陽風が届く範囲である太陽圏を超え，星間空間に到達している（図9.5）。太陽風は太陽が放出する陽子や電子など荷電粒子の流れである。この太陽風は太陽系外縁部で銀河系内の星間物質と衝突し，終端衝撃波をつくる。終端衝撃波より外側で太陽風は音速以下に減速し，星間物質と混じり合い，太陽風が勢力をもつ範囲が終わる。この境界面のことを**ヘリオポーズ**と呼ぶ。ボイジャー1号・2号はそれぞれ別の方向に向かっており，方向によってヘリオポーズの太陽からの距離が異なっていることが明らかとなった。太陽系とその外側の星間空間との境界付近を探査するために打ち上げられた NASA の Interstellar Boundary Explorer (IBEX)探査機の観測結果と合わせて，太陽圏は非対称な形をしていることが明らかとなった。

　ボイジャー1号・2号以外に，海王星の距離を超えて飛行している探査機にはパイオニア10号・11号がある。パイオニア10号・11号はそれぞれ1972年，1973年に打ち上げられ，10号は木星を，11号は木星と土星を探査した。これらは現在ではいずれも信号が途絶えており，海王星以遠に到達していることは明らかであるものの，正確な位置を確認することはできない。

　これら4機の探査機は太陽系外へ到達することを想定されており，**ゴールデン・レコード**と呼ばれる銅板を金メッキしたレコードが収められている。レコードには地球の風景やさまざまな言語での挨拶，生命体や人間文化の音が収録（映像も音声信号に変換されて収録）されているものである。地球の宇宙空間での位置を示す図や，音声信号から画像を再現できるような手法を知るためのヒントが組み込まれている（このレコードが作られたのは1970年代のことであ

り，現在のように大量の情報を扱うことはできない時代であった）。地球外でパイオニアやボイジャーを捕獲するような，高度な文明をもった地球外生命体であれば解読できるだろう，という想定のもとに設計されたもので，能動的な地球外生命体探査の一例である。地球から最も近い距離にある太陽系外の惑星系はプロキシマ・ケンタウリで約4.2光年の位置にあり，その地点までボイジャーが到達するには約75,000年という時間を必要とする。

　このような能動的な地球外生命体探査は，現在は行われていない。それは地球外生命体が私たちにとって，友好的であるかどうかはわからないためである。受動的な地球外生命体探査は世界中で行われているものの，現時点で明確な地球外生命体は確認されていない。観測中の信号に明らかに地球外生命体から発信されたと考えられるものが含まれている場合，その取り扱いについては国際宇宙飛行学会でガイドラインが制定されている。ガイドラインによれば，地球外生命体からの信号であると科学的に確証を得た場合には，隠すことなく速やかに学術界や一般メディアに公開し，国際的な合意が得られるまでは，その信号を送信した相手に返信を行わないことになっている。

9.4　気軽に天体を観測する方法はないのか？

　近くに天文台や科学館があれば，定期的に観測会が企画されることがあるだろう。では，天体観測をしてみたいにもかかわらず，そういう施設がないときの方法があるだろうか。

　国立天文台暦計算室から，任意の日付と時刻の天体を示すウェブサイト「今日のほしぞら」[9]が提供されている。実際の夜空と比較すれば，どのような天体が見えているかを簡単に把握することができる。さらに，最近はさまざまなアプリが開発されており，無料で利用できるものも多い。

9) https://eco.mtk.nao.ac.jp/cgi-bin/koyomi/skymap.cgi

　私たちが眺めている天の川は，地球から銀河系の「腕」の部分を見ているものである。空気が澄んでいて街灯などがまったくない山奥などでしか見られないと思っている人も多い。確かにそのような場所は天体観測に望ましいが，双眼鏡を使えば市街地でも天の川を観測することができる。対物レンズ径が50mm，倍率7倍の双眼鏡が天体観測に適しているとされ，肉眼で見ることのできる星の数とは比べものにならないほど多くの星を視野に確認することが可能である。この倍率でも，木星の周辺を回るガリレオ衛星を確認できる。星雲などもおおよその形を確認できるが，手ぶれを防ぐために双眼鏡を三脚に取り付ければ，より鮮明な像を見ることもできる。双眼鏡の倍率が高ければ，それだけ詳細に観測できると思うかもしれないが，実際には観測が難しくなる。同じ口径で倍率の高い双眼鏡と低い双眼鏡とを比べると，倍率の高いものほど見える範囲が狭くなる。双眼鏡で見えている範囲が星図のどこにあたるのかを認識するためには，できるだけ広い範囲が見えているほうがわかりやすい。一般に倍率が高くなれば視野が暗くなり，特に星雲などのもともと暗い天体では，目

的の天体を探すことが難しくなってしまう。

条件が良ければ，肉眼で6等級の天体まで確認することができ，オリオン大星雲(M 42)やアンドロメダ銀河(M 31)などを確かめられる。双眼鏡では理論的に9等級まで確認できるとされる。

9.5 宇宙開発に問題はないのだろうか？

現代では天体を探査するための宇宙望遠鏡，さまざまな目的に応じた多数の人工衛星が打ち上げられている。宇宙空間から地球や天体を観測してさまざまな知見を得ることが可能になったり，地球上の通信網を充実させたり，人類の活躍の場が広がっているという点では喜ばしいことかもしれない。

しかし，人類が宇宙空間に打ち上げた人工天体が耐用年数を経過したり，宇宙空間で故障してしまった場合，そのまま宇宙に放置され**宇宙ごみ(スペースデブリ)** になってしまう。一般に宇宙ごみの移動速度は7〜8 km/sと非常に高速であり，大きな運動エネルギーをもつことから，人工衛星などに衝突してしまうと多大な影響を及ぼす。宇宙ごみが10 cm以上の大きさであれば人工天体を完全に破壊し，1 cm程度の宇宙ごみでも搭載機器の破壊や衝突防御シールドの貫通などを引き起こす。宇宙空間に打ち上げられた人工的な物体は年々増加し，一定程度の大きさのものはカタログ化され，継続的に追跡されている。

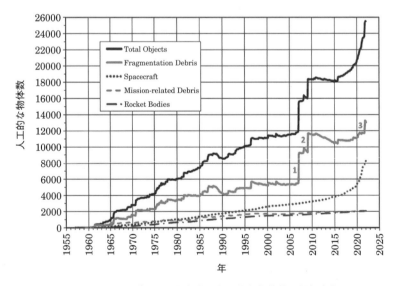

図9.6 カタログ化された宇宙の人工的な物体数の経年変化

Total Objectsはカタログ化された全宇宙物体，Fragmentation Debrisは破片デブリ，Spacecraftは運用中の又は機能停止した宇宙機，Mission-related Debrisはミッション関連デブリ(人工衛星の打ち上げや運用等のミッションの過程で放出される部品等)，Rocket Bodiesはロケット機体を指す。グラフ中の1は2007年の中国による衛星破壊実験，2はイリジウム33とコスモス2251(いずれもロシア)の人工衛星同士の衝突事故，3は2021年のロシアによる衛星破壊実験でデブリが急増した時期を示している。(出典：NASA Orbital Debris Program Office, Orbital Debris Quarterly News, 26, 1, 2022)

9.5 宇宙開発に問題はないのだろうか？ 105

そのような物体数の経年変化を図 9.6 に示している。宇宙ごみは地上から，あるいは宇宙空間で容易に制御・回収できないだけでなく，宇宙ごみそのものが運用中の人工衛星や宇宙ステーションに衝突して故障を生じさせるなどの事案も実際に発生している。

　これらの宇宙ごみは高度 600 km 以下では数十年，高度 900 km 以上では数千年の間，軌道上に留まる。これらは大気の抵抗を受けてやがて地球に落下すると考えられるが，約 36,000 km の高度の静止軌道上に位置する宇宙ごみは永久に軌道に留まるとされる。

　宇宙空間での各種人工衛星と宇宙ごみとの衝突の危険性を予測するためには，現在の宇宙ごみの分布を正確に把握することが必要であるが，観測可能な宇宙ごみの大きさは 10 cm が限界であり，これより小さなものは分布を統計的に推定する以外に方法がない。宇宙開発を手がけている各国の観測機関による国際的な情報共有と，分布モデルの開発が行われている。

　また，宇宙ごみが発生しないように，運用を終えた人工衛星等は適切な軌道を経由して大気圏に安全に落下させる方法が国連のガイドラインとして発表されている。宇宙ごみの回収についての技術開発は日本が先進的な地位にあり，レーザー光を用いて宇宙ごみを軌道から移動させる方法や，宇宙ごみをロボットアームによって捕獲し回収する産学官による技術開発が行われている。英国とスイスの民間企業による共同開発では，宇宙ごみをネットで捕獲して回収する技術の実証試験が成功しているなど，宇宙ごみの対策は近年，大きな注目を集めている。

　宇宙ごみに関しては，2023 年時点で国際法上の規制が存在しておらず，国連のガイドラインが設定されているのみで，法的な拘束力はない。現在の地球環境の持続可能な開発を目指して SDGs が定められているが，すでに同じような事態が宇宙でも生じている。宇宙開発をどのように進めていくかについては，今後の重要な課題であろう。

9 章　演習問題

9.1　本文で紹介したとおり，宇宙空間で天体観測を行う宇宙望遠鏡が多数打ち上げられている。これらの観測上の利点を説明しよう。また，宇宙望遠鏡の欠点として，どのようなことがあげられるかを考えてみよう。

9.2　ボイジャー 1 号・2 号の現在地やデータを NASA のウェブサイト (https://voyager.jpl.nasa.gov) で確認することができる。現在地を確認し，ボイジャーが得た情報などから，太陽系は 3 次元的にどのような構造をしているか，図にしてみよう。

9.3 日食や月食は多くのメディアで紹介され，多くの人々がこれらの天体イベントを観測する。日食と月食の原理について説明しよう。また，日食が起こっているときであっても，太陽を肉眼で観測することには大きな危険を伴う。なぜ日食を肉眼で観測することが危険なのか，太陽を安全に観測するにはどのような工夫が必要であるかを調べ，説明しよう。

9.4 宇宙ごみの問題については本文中に概説したが，宇宙ごみによって生じた具体的な事故の例にどのようなものがあるのか，調べてみよう。

10. 宇宙で物質はどのように 生じたのだろうか？

私たちの身の回りの物質，つまりはこの宇宙に存在する物質は最初から存在していたわけではない。この章では物質を構成する原子がどのような構造をしているかを学び，これらの起源はなんであるのかを考えよう。

10.1 エネルギーと質量

10.1.1 光はどうやって伝わるのか？

「宇宙の物質の起源はなにか」という問いに対しては「究極的にはエネルギーである」ということが答えになるが，このことを理解するためにはいくつかの準備が必要である。

音は空気を媒質にして伝わる。では，光は何を媒質にして伝わるのだろう。19世紀まで，宇宙はエーテル[1]で満たされていると考えられてきた。さらに，音が空気を振動させて伝わるように，光はエーテルを振動させて伝わると考えられていた。17世紀から，光が波であるのか，粒であるのかは大きな議論となり，ホイヘンス(Christiaan Huygens)やフック(Robert Hooke)は光が波であることを主張する一方で，ニュートンは光が粒であることを主張していた。ニュートンが非常に有名な物理学者であるということもあり，しばらくの間は光の粒子説が主流となった。

時代は進んで19世紀になってから，電磁波を研究していたマクスウェル(James Clerk Maxwell)は，真空中で電荷の伝わる速度が光の速さであることを示したことから，光が波であることが示唆され，かつて議論されてきたように，「光を伝えるものは何か」が議論になった。この頃に考えられていたエーテルの性質には，光の性質が明らかになっていけばなおさら，以下のような非常に奇妙な想定を必要とした。

- 宇宙の中のあらゆる空間に充満していなければならない
- 硬い物質であるほど，その内部を伝わる波は速くなる。鋼の何百万倍も硬くなければならない

[1] 有機化合物の分類で用いられるエーテルとは異なる。

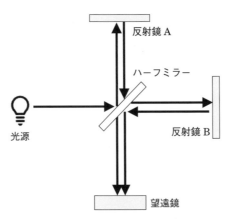

図10.1 マイケルソン–モーリーの実験の模式図
光源からの光はハーフミラーで反射鏡Aに向かう光と反射鏡Bに向かう光に分けられる。反射鏡Aと反射鏡Bで反射した光は再びハーフミラーを通り，望遠鏡に到達する。このとき望遠鏡では，光の光源を出てから望遠鏡に到達する時間に応じて干渉が起こり，光が望遠鏡に到達する時間に変化があれば，干渉縞の位置が変化する。

・遠い星が見通せるように，透明でなければならない
・知られている惑星や衛星などの軌道に干渉することがないように，質量も粘性もあってはならない

このようなすべての性質を備えた物質が存在する，と当時の科学者が信じていたことに現代の人々は驚くかもしれない。

1887年，マイケルソン(Albert Michelson)とモーリー(Edward Morley)が，光の伝わり方がエーテルによってどのように影響を受けるかを計測しようとした(**マイケルソン–モーリーの実験**)。この実験は，エーテルが絶対静止系(まったく風のない状態にある空気のようなものと考えよう)で不活性である，という仮定に基づいていた。

図10.1には，彼らが行った実験の模式図を示している。光源から出た光の進む方向を，地球の公転の方向に一致させる。光源からハーフミラーで分けられた光のうち反射鏡Bに向かう光は，静止しているエーテルの中を進むことになるので，エーテルの風を受けることになる。エーテルが存在すれば，反射鏡Aで反射した光と，反射鏡Bで反射した光について，望遠鏡に届くまでの時間に差が出るはずである。彼らはこの実験装置をいろいろな方向に向けて繰り返し実験したが，どの方向に放たれた光でも干渉縞の違いは見られなかった。

この実験結果を説明するために，さらに奇妙な理屈を考えついた物理学者がいた。ローレンツ(Hendrik Lorentz)とフィッツジェラルド(George FitzGerald)はそれぞれ独立して，物体が移動するとき，運動方向に収縮するという理屈を提案した。エーテルの風に向かって動いていた計測器は，その方向に収縮したために光の移動距離は短くなったが，光はエーテルの風に向かって放たれているので遅くなり，それらの効果がちょうど相殺してどの方向に対し

10.1 エネルギーと質量

ても光の速さは変わらない，というものである。

10.1.2 光の速さは不変

マイケルソン‐モーリーの実験によって，光の伝わる速度は一定の値であることが観測的に明らかとなった。しかし，当時の物理学者はこの実験は何かが失敗したのだ，あるいはそういう結果になったことには何かの説明が必要なのだと考えていた。

そんななかで，1905年にアインシュタインは「特殊相対性理論」を発表した。この理論は，マイケルソン‐モーリーの実験の結果をそのまま受け入れたという点が画期的だったとも言える。アインシュタインは，すべての物理学における結果は一定速度で移動するあらゆる観測者にとって同じでなければならないと考えた。そして「光は放射源がどのような運動状態にあるかと無関係に，常に一定速度 c で何もない空間を伝わる」ことを前提として，理論を組み立てた。この理論が**相対性理論**である。

10.1.3 質量とエネルギーは同じこと？

非常に多くの人がアインシュタインの名前を知っていて，彼が導き出した方程式（世界で最も有名な物理学の方程式とも言われるが）

$$E = mc^2$$

もよく知られている。この方程式が意味することはなんだろう。

この方程式は，「エネルギーと質量が等価であること」を意味している。この方程式で c は真空中の光速で，先に述べたとおり，紆余曲折はあったものの，常に一定であることが示されている（正確には，相対性理論は光速度が一定であることを前提としているため，現在でも光速度が変わらないことが計測し続けられている）。つまり定数として扱うことができる。方程式の右辺を c^2m に変えれば，この方程式が比例式を表すことは簡単にわかる。

この方程式は，「物体の質量(kg)に c^2 という定数をかければ，その物体のもつエネルギー(J)を求めることができる」という意味で，言い方を変えれば物体の質量はそれだけのエネルギーをもつ，ということである。想像しにくいことかも知れないが，この方程式が表すとおりの現象が，太陽の中心核で常に起こっている。3章で扱った，太陽はなぜ輝くのか，という問題である。復習すると，太陽の中心核では4個の陽子から1個のヘリウム原子核がつくられる。このとき，生成された1個のヘリウム原子核の質量は，4個の陽子の質量よりも少ない（図10.2）。この質量の減少分がエネルギーとして放出されている。

では，私たちの身の回りで，このように質量がエネルギーへと変換される状況を経験できるだろうか。そんなことは決して起こり得ない。この方程式が表す反応は，超高温で超高圧な環境を必要とし，そのような環境でなければ反応が起こらないためである。そのため，この方程式が実現されるのは恒星の中心部のような環境や，地球上では原子力発電所などの原子炉内部という環境に限

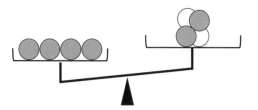

核融合前の陽子（^{1}H）　＞　核融合後にできるヘリウム4（^{4}He）の
4個の質量　　　　　　　　　原子核1個の質量

図10.2　核融合前後の質量変化の模式図

反応前の陽子4個の質量の総和は，反応後のヘリウム4の原子核の質量よりも大きい。
この質量の減少分がエネルギーとなる。

定されるのである。

ここで，地球上で $E=mc^2$ を具体化している原子力発電所の原子炉で起こっている反応について述べる。恒星の中心部で起こっている反応との違いは，

・恒星の中心部・・・核融合反応

・原子力発電の原子炉・・・核分裂反応

ということである。太陽の中心部で起きている核反応は，すでに学んできたとおり水素（H）がヘリウム（He）へと陽子の数が増える（原子核が融合する）もので，このときにわずかに減少した質量がエネルギーになる。一方，原子力発電で活用されている反応は，たとえばウラン235が中性子を吸収することによって，イットリウム95とヨウ素139と2個の中性子に分裂したとき（図10.3），反応前の質量の総和と反応後の質量の総和を比べると，反応後の質量の総和がわずかに減少している。この減少分の質量が熱エネルギーに変換され，この熱で水を沸騰させて発電機を稼働させている。

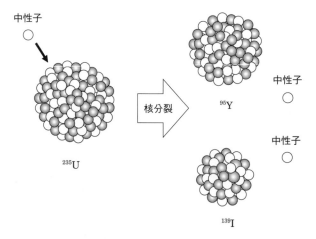

図10.3　原子力発電での核分裂反応の一例

分裂後に生じた中性子が，再び次の核分裂を引き起こし，原子炉では連鎖的に核分裂反応が生じている。

10.1 エネルギーと質量

現在，人類はエネルギー源としてかなりの割合を化石燃料に頼っている。とくに日本では，東京電力福島第一原子力発電所の事故後，原子力発電の比率が大幅に低くなっており，石油や天然ガスによる発電の比率が高くなっている。化石燃料には地球温暖化への影響や埋蔵量に限りがあるという課題も指摘されている。そこで，太陽のように核融合反応を利用してエネルギーを取り出す技術を確立するための研究がすでに行われている。

10.1.4 宇宙の本当のはじまりは？

$E = mc^2$ は，「エネルギーと質量が等価であること」を示しているので，核融合や核分裂でエネルギーを放出する方向とは逆の，エネルギーから物質が生じることも可能である。現在の宇宙に存在しているさまざまな構成要素も，もとをたどればエネルギーの塊から生じたことになる。その宇宙の非常に概略的な歴史を9章で説明した。では，宇宙のエネルギーはどうやって生じたのかを知りたくなる。まさに「宇宙の本当のはじまり」である。

宇宙は「なにもない」，無の空間から生じたと考えられている（図10.4）。非常に簡単に言うと，なにもない空間で突然，宇宙が誕生し，宇宙の大きさが指数関数的に膨張したと考えるインフレーション理論が広く受け入れられている。急激に宇宙が膨張した時期を「インフレーション」という。宇宙は真空から誕生したというものだが，真空であってもエネルギーは生じると現代科学では考える。このところが，多くの人々にとっては信じ難い部分である。

これまで小・中・高校と学んできた科学の多くの法則から，なにもないところから何かが生じることはあり得ない，と学んでいるはずである。生物を学んだ読者であれば，17世紀に生命がどのように発生したかの議論があったことを知っているだろう。ヘルモント（Jan van Helmont）が，実験に基づいて「小麦と汚れたシャツを入れた容器に油と牛乳を垂らして放置すると，ハツカネズミが自然に発生した」と唱えた。現代であれば誰も信じない話で，実験そのものに問題があったことは容易に推測される。たとえば地球は原始太陽系円盤の大量のガスや塵が重力によって集まり，成長してつくられた。それらのガスは，かつての大質量の恒星の超新星爆発を経て，宇宙空間に撒き散らされたものであ

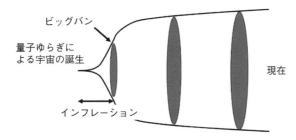

図10.4 インフレーション理論による宇宙の膨張の概念図
宇宙はなにもない「無」から量子ゆらぎによって誕生し，極めて初期の段階で急激に膨張した。

る．宇宙空間に存在する物質は流転しているわけだが，宇宙最初の物質はエネルギーから生じたことを説明してきた．

　読者がこれまでの学校教育で学んできた物理学は「マクロな世界」の物理学で，たとえばニュートンの運動の法則，マクスウェルの電磁気学などを中心に構成されている．しかし，20世紀には技術の進歩に合わせて，これらの世界観に加えて，もっと小さな世界に関する研究が積極的に進められた．そのような「ミクロな世界」の物理学を扱う領域を「量子物理学」という．この量子物理学は，私たちの常識とは大きく相容れないことが起こり得る．なぜミクロの世界の法則が，マクロの世界の法則と異なっているのか，という疑問に対しては，現在まさに研究されているところで，適切な答えはまだ見つかっていない．そもそも，マクロな世界とミクロな世界との境界さえ，明確になっていないのである（図 10.5）．

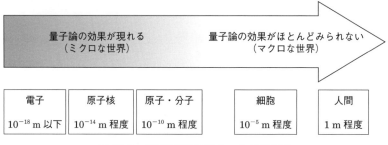

図 10.5　量子的効果のスケールの概念図

　常識と相容れない法則の一つが，「無から生じる宇宙」である．宇宙は私たちの知るものの中で最も大きなスケールであるが，誕生当初は非常に小さかったことはすでに述べた．そのような小さなスケールでは，私たちが常識として理解している物理法則は適用できない．宇宙が誕生した138億年前に，何もない真空の空間の一部ではエネルギーが生まれたり消えたりしていたといい，これを**量子ゆらぎ**という．もう少し具体的に，しかしとても大雑把にいうと，宇宙誕生時のように量子力学に支配されている世界では，エネルギーを真空から「借りる」ことができる．しかも，そのエネルギーは，借りる時間が短ければ短いほど大きい．こうして短時間に膨大なエネルギーをもった一部が，急激に膨張（インフレーション）して現在の宇宙になった．じつは，この急激な膨張は一つだけ起こったとは限らない．英語の宇宙 universe の語源は，uni（一つの）と verse（変える）を組み合わせたもので，「万物を一つに変えられた世界」ということで宇宙を示すとのことだが，現代宇宙論では，複数の宇宙が存在すると考え，このような理論を**マルチバース**(multiverse)**宇宙論**という．

　インフレーション理論では，生まれた直後の非常に小さかった宇宙は，10^{-36} 秒間という一瞬にも満たない時間で少なくとも 10^{26} 倍に広がったとされ，たと

10.2 素粒子の概説   113

えれば原子核1個が太陽系の大きさにまで膨張した。ここで，先ほど説明した
「空間から借りたエネルギー」をどうやって返すのか，を説明しよう。じつは，
返す必要はないと考えられている。ミクロな世界で量子ゆらぎとして最初に借
りたエネルギーは，空間がインフレーションによって引き伸ばされてしまえ
ば，今度はマクロな世界のゆらぎになり，このゆらぎが宇宙の構造のもとに
なったとされている。

10.1.5 ビッグバンとはなんなのか？

　多くの人が，宇宙のはじまりは**ビッグバン**(Big Bang)だと認識している。
ビッグバンという言葉から想像する状況が，宇宙のはじまりにふさわしいとい
う印象を抱かせるのかもしれない。宇宙が小さな一点から始まったと最初に提
案したのは，宇宙の膨張で紹介したルメートルで1927年のことである。ル
メートルは一般相対性理論と銀河が遠ざかっているという観測事実から，過去
の宇宙は非常に小さかったことを導き出し，「宇宙は原始的な原子の爆発から
はじまった」と考えた。当時，「宇宙は不変で定常的である」という考え方が天
文学の世界では当然のことで，ハッブルやアインシュタインでさえも宇宙には
じまりがあるとは考えていなかった。

　その後の1947年，ガモフ(George Gamow)はルメートルの理論を発展させ，
初期の宇宙は超高圧・超高温の火の玉の状態から，膨張とともに冷えて現在の
ような宇宙の構造になったと考えた。ビッグバンという言葉を最初に使ったの
は，ルメートルでもガモフでもなく，宇宙が定常であるという考えを支持して
いたホイル(Fred Hoyle)であった。ホイルはルメートルの提唱した宇宙論に
対して，「宇宙が1つの巨大な爆発からはじまったという考え方があるが，この
ビッグバンの考え方は私には不満足である」と述べたことが広まり，多くの人
に知られるようになったという。

　インフレーションとビッグバンの関係を説明しよう。インフレーションを引
き起こしたエネルギーは「真空のエネルギー」で，空間そのものがもつエネル
ギーである。真空のエネルギーは非常に不思議なもので，空間そのものがもつ
エネルギーであるため，空間の体積が2倍になるとエネルギーも2倍になる。
宇宙が10^{-36}秒間で10^{26}倍に膨張したことを述べたが，つまりエネルギーもそ
れだけ膨大になった。この真空のエネルギーが，あるとき熱エネルギーに変わ
り，宇宙を超高温に加熱したと考えられ，この状態がビッグバンである。多く
の人が宇宙のはじまりと認識しているのは，おそらくこの出来事であるが，
ビッグバンの前からすでに宇宙ははじまっていて，ビッグバンは宇宙の進化で
は単なる通過点(物理的には重要だが)に過ぎないのである。

10.2　素粒子の概説

　ビッグバンのその瞬間はまさに火の玉で，よく「煮えたぎったスープ」にた

とらえる。エネルギーから質量の形で生じた素粒子は光速に近い速度で運動しており，他の粒子と激しく衝突し合い，再びエネルギーに戻ることを繰り返していたと考えられている。

　その間も膨張する宇宙の内部の温度は下がり続ける。日常生活に例を見出せば，スプレー缶からガスが出ると缶の温度が下がることと同じだ。温度が下がれば，素粒子が反発し合う力よりも，素粒子を結びつける力が優勢となり，いろいろな構成物をつくり上げていく。

　ここまでの説明で気が付かれたと思うが，「物質の根元はなんだろう」と考えることと，「過去の宇宙はどうなっていたのだろう」を考えることとは同じことになる。物質の究極の構成要素にまで分解していくと，素粒子と呼ばれるものに到達する。ここからは素粒子について説明していく。

10.2.1　素粒子の種類

　現在のところ，素粒子を記述する「標準モデル」が多くの研究者に受け入れられている。この標準モデルは，現時点で素粒子の振る舞いを最もうまく説明できているというものだが，標準モデルでうまく説明できないこともある。

　標準モデルには全部で17種類の素粒子がある（図10.6）。これらをいくつかの方法でグループ化することができ，物質をつくっている**フェルミ粒子**，力の伝達の役割をする**ボース粒子**に大きく分けられる。

　素粒子の標準モデルは，「自然界には4種類の基本的な力がある」という点

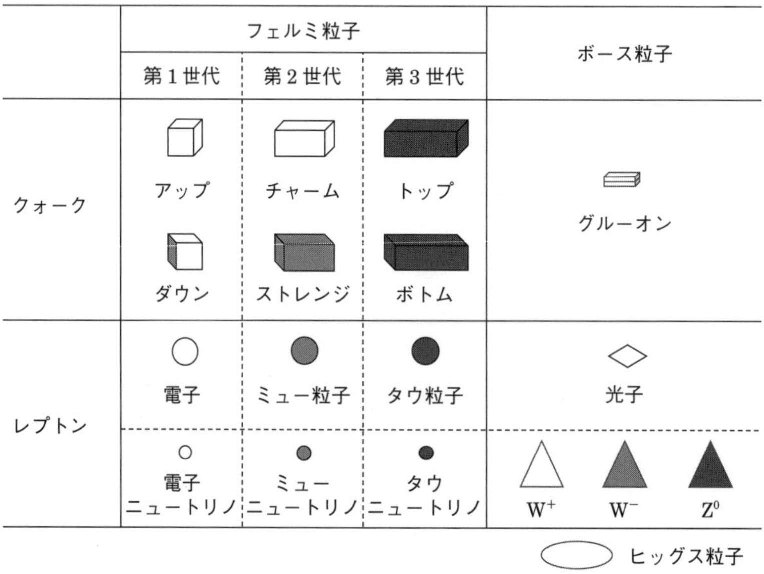

	フェルミ粒子			ボース粒子
	第1世代	第2世代	第3世代	
クォーク	アップ	チャーム	トップ	グルーオン
	ダウン	ストレンジ	ボトム	
レプトン	電子	ミュー粒子	タウ粒子	光子
	電子ニュートリノ	ミューニュートリノ	タウニュートリノ	W^+　W^-　Z^0

ヒッグス粒子

図10.6　標準モデルで扱われる17種類の素粒子

標準モデルでは重力が他の力に比べて非常に小さいため，重力に関係する重力子（グラビトン）とヒッグス粒子は組み込まれていない。

と，物質そのものをつくっている素粒子の他に「力を伝える素粒子がある」ことを特徴とする。4種類の力とは，

・強い力
・電磁気力
・弱い力
・重力

であり，これらの力それぞれを伝えるための素粒子が存在していると考える。ただし，重力を伝えると考えられている重力子(グラビトン)は未発見であることと，重力は他の3種類の力に比べると，ミクロな世界では無視できるほど非常に弱いことから，重力は標準モデルで扱われていない。

10.2.2 身の回りの物質を素粒子に分けるとどうなるか？

中学校の理科では，物質の構成要素は原子であり，原子は原子核と電子で構成され，さらに原子核は陽子と中性子からなっていると学んだ。

標準モデルでは，陽子と中性子はさらに小さな構成要素である**クォーク**に分けることができる。陽子と中性子を形成しているのはアップクォークとダウンクォークで，これらのクォークを第1世代のクォークという。陽子はアップクォーク2個とダウンクォーク1個，中性子はアップクォーク1個とダウンクォーク2個からなる(図10.7)。

素粒子の実験は加速器を使って行われるが，2種類のクォークだけでは実験結果をうまく説明できないことがわかり，チャームクォーク，ストレンジクォーク(第2世代)，さらにトップクォーク，ボトムクォーク(第3世代)が導入され，理論が組み立てられている。

原子核の周囲を回る電子は**レプトン**という別の種類の素粒子であり，クォー

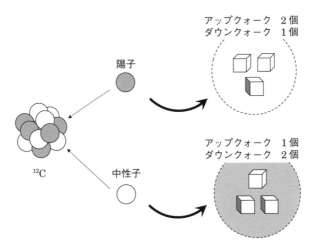

図10.7 物質を構成する素粒子の例
陽子と中性子が究極の粒子ではなく，さらに素粒子にまで分解できる。

クと同様に世代を形成している。電荷をもつ荷電レプトンには，電子のほかに
ミューオン，タウオンがある。荷電レプトンのそれぞれに，電荷をもたないレ
プトンである電子ニュートリノ，ミューニュートリノ，タウニュートリノが対
になって存在する。ニュートリノは「弱い力」にしか相互作用しないために発
見が非常に遅かった。しかし，ニュートリノは大量に存在しており，実際に太
陽から届くニュートリノは私たちを毎秒 10 兆個も突き抜けているが，私たち
は何も感じない。

つまり，身の回りにある物質を究極にまで分解することができるとすれば，
アップクォークとダウンクォーク，それに電子にまで分けられることになる。

10.3　元素はどのように合成されたのか

宇宙の誕生後，インフレーション，ビッグバンを経て，いよいよ物質が合成
される。いきなり炭素や酸素ができたわけではなく，秩序立って物質が合成さ
れる。その様子を理解しよう。

10.3.1　初期宇宙での元素合成

ここでは，ビッグバン直後から 38 万年後までに起こった出来事について説
明しよう。

2) 具体的にはアップ
クォークと反アップ
クォーク，電子と反電子
(陽電子ともいう)のよう
なもの。

エネルギーから生じた素粒子には，「物質」と「反物質」とがあった[2]。物質
と反物質が出会うとエネルギーを放出して消えてしまう。しかし，私たちの身
の回りが物質で構成されていることから，何らかの原因で物質のほうが多く形
成された(物質が 10 億 1 個に対して反物質が 10 億個で，物質が 1 個多いとい
う程度)と考えられる。

宇宙が膨張し，宇宙のはじまりから 10^{-4} 秒後には 10^{12} K まで温度が下が
り，前述のように 3 個のクォークが結びついて陽子と中性子を形成するように
なる。この当時の陽子と中性子の数はおよそ 7：1 となっていた。

1 分が経過すれば，温度は 10^9 K ほどまで下がってくる。この程度にまで温
度が下がると，陽子と中性子が 1 個ずつ結びついて重水素となり，さらに重水
素に陽子が衝突・融合してヘリウム 3 の原子核が形成されてくる。ただし，す
べての陽子が重水素になるわけではなく，またすべての重水素がヘリウム 3 の
原子核になるわけでもない。ヘリウム 3 の寿命は短いが，その間にヘリウム 3
の原子核同士が衝突して融合することができれば，ヘリウム 4 の原子核が形成
される。この頃はまさに宇宙全体が原子炉になっている状態で，核融合反応を
起こしていた。また，この反応は太陽の中心核で起こっているものと同じであ
る。この段階でリチウムやベリリウムも形成されたと考えられている。

3) 現在の宇宙における物
質 の 質 量 比 は，水 素
73%・ヘリウム 25%・そ
の他 2% となっている。

誕生から 3 分ほどが経過すると，宇宙を構成している物質の質量比[3]は陽子
が 75%，ヘリウム 4 の原子核が 25% になる。宇宙の誕生から 3 分で，現在の宇
宙と同じような質量比になる。つまり，現在の宇宙の組成はこの段階ですでに

できあがったと考えられる。この後、宇宙は核融合を起こすために必要な温度を下回ってしまうため、反応が止まってしまう。

物質の質量比は現在とほぼ同じでも、大きな違いがあった。この段階では正の電荷を帯びた原子核と、負の電荷を帯びた電子とがばらばらだった。原子核と電子は光子を交換して、互いに引き合ったり離れたりして相互作用していた。光子とは光そのもののことなので、この頃は光が原子核や電子の間でやり取りされ、光は自由に直進できない状態であったと考えられる。たとえると「もや」がかかったような状態で、宇宙誕生から38万年後まで続く。

10.3.2 宇宙の晴れ上がり

宇宙の温度が下がり続けると、やがて宇宙は劇的に変化する。これまでと同様に、膨張に伴って温度が下がっていくが、3,000 K になると電子が水素の原子核(つまり陽子)やヘリウムの原子核と結びつくようになり、水素原子あるいはヘリウム原子となる。こうなると電気的に中性になり、それまで光子と相互作用していた荷電粒子が少なくなり、光子は直進できるようになる(図10.8)。つまり、光が遠くまで届くようになったのである。この時期を**宇宙の晴れ上がり**と呼び、私たちが光、つまり電磁波を使って宇宙を観測できるのはこのときよりも後の宇宙ということになる。この宇宙の晴れ上がりから、最初の恒星が誕生するまでの星や銀河が存在しなかった時代を**宇宙の暗黒時代**と呼ぶ。

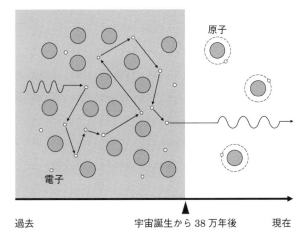

図10.8 宇宙の晴れ上がりの模式図

宇宙の誕生から38万年より前は、高温でばらばらになった陽子や電子に行く手を邪魔(散乱)され直進できない。宇宙の温度が徐々に下がり、宇宙の誕生から38万年のところで陽子と電子が結びつき、光は直進できるようになった。

10章　演習問題

10.1　インターネットの通信回線に光回線ケーブルがある。この回線が金属製の
　　　ケーブルより優れている点を調べ，説明しよう。また，情報が光の速さで伝え
　　　られている事例はあるかを考えよう。

10.2　アインシュタインは真空中の光の速さが一定であると考え，相対性理論を構
　　　築した。光の速さは空気中あるいは水中ではどのようになるか，説明しよう。

10.3　質量とエネルギーは等価であることを学んだが，もしあなたがすべてエネル
　　　ギーに変わったら，どれだけのエネルギー量になるかを計算して求めよう。さ
　　　らに，そのエネルギー量がいったいどれだけの大きさであるのか，わかりやす
　　　い例にして(〇〇が△△個分のような表現で)説明しよう。

10.4　宇宙の歴史について，経過時間と温度を示しながら簡単な年表の形にして説
　　　明してみよう。

11. 私たちの身の回りの物質は 何に由来するのか？

これまで説明してきたように，宇宙を構成しているものは究極的にはエネルギーから生まれたものだと考えることができる。ここでは宇宙の晴れ上がり後の歴史を説明する。私たちの身の回りの物質は恒星の内部やさまざまな天体現象で形成されたものである。その過程をより詳しく説明しよう。

11.1 宇宙で最初の星はいつできた？

すでに3章で太陽の中心核で起こっている，水素からヘリウムへの核融合について述べ，太陽よりも質量の大きな恒星の中心核で鉄まで核融合が進むことを説明している。

宇宙空間に存在する水素原子は，長い時間をかけて重力で引き合い，分子雲へと成長する。宇宙の歴史の中で，最初に輝き出したいわば最初の恒星があるはずである。このような恒星は第一世代の星という意味で**ファーストスター**（first stars）と呼ばれ，水素とヘリウムのみでできている。多くの天文学者がこのファーストスターを観測しようと試みているが，現時点ではまだ直接的な観測はできていない。理論的な研究から，ファーストスターは宇宙誕生からおよそ2億年が経過したころに，太陽の10倍から1,000倍（ピークは300倍）の質量という非常に大きなものだったと示唆されている。水素ガスの重力集積は宇宙のいろいろな場所で生じるので，ファーストスターも集団となって誕生すると考えるのが一般的で，ファーストスターの中でも早い段階で誕生した星と，やや遅れて誕生した星があると予想されている。いずれにしても，大質量の恒星は寿命が短い。そのため，これらの星はすでに存在していない。

宇宙のいろいろなところで誕生したファーストスターの放射する強力な紫外線は，宇宙の晴れ上がりで中性になっていた水素原子を電離させた。これを**宇宙の再電離**といい，宇宙誕生から9億年のころまでに水素原子の電離は完了したと考えられている。

11.1.1 恒星中心部で何が起こるか？

恒星中心での核融合によって，水素の原子核からヘリウム4が形成されることは3章で詳しく述べた。太陽中心でつくられるヘリウム4の86％がこの反応(これを **pp1 分枝**[1]という)で行われる(図11.1)が，ほかにもヘリウム3からヘリウム4を生成する2種類の方法が存在するので，ここで紹介する。

恒星内部で形成されたヘリウム4に，別のヘリウム3が衝突して核融合が起きるとベリリウム7の原子核(陽子4個，中性子3個)ができる。ところがこのベリリウム7は不安定なため，電子を捕らえて陽子を中性子に変換して安定なリチウム7の原子核へと変わる(陽子4個，中性子3個)。リチウム7にさらに陽子が衝突すると，非常に不安定なベリリウム8(陽子4個，中性子4個)を経て，2個のヘリウム4に分解される。この段階が **pp2 分枝** と呼ばれる過程である(図11.2)。

太陽で形成されるヘリウム4のうち0.015％はpp3分枝(図11.3)の過程でもたらされる。pp3分枝は，正の電荷を帯びたヘリウム4の原子核同士が，それらの斥力に打ち勝って核融合が起こるほどの非常に極端な高温下で行われる反

[1] p は陽子(proton)を意味している。

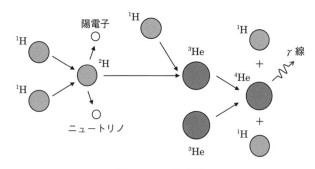

図 11.1 pp1 分枝

太陽では86％のヘリウム4がこの過程によって生成される。
1,000万～1,400万 K の温度で支配的な反応である。

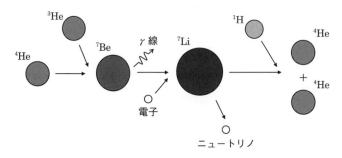

図 11.2 pp2 分枝

太陽では14％のヘリウム4がこの過程によって生成される。
1,400万～2,300万 K の温度で支配的な反応である。

11.1 宇宙で最初の星はいつできた？

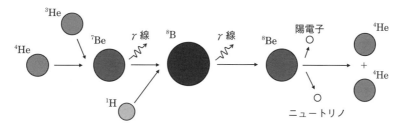

図 11.3　pp3 分枝

太陽では 0.015% のヘリウム 4 がこの過程によって生成される。2,300 万 K を超える温度で支配的な反応である。

応である。ヘリウム 4 の原子核同士が核融合すると，ベリリウム 8 が合成されるが，先述のとおりこれは不安定なため，すぐにもとの 2 個のヘリウム 4 に分解される。極端な高温下ではこの反応が繰り返されている。

11.1.2　太陽より重い星では別のエネルギー生成過程がある

　太陽より大きな質量をもつ恒星では，陽子 – 陽子連鎖反応よりももっと効率のよいエネルギー生成過程がある。それが **CNO サイクル**である（図 11.4）。恒星の組成に炭素原子が含まれていれば，CNO サイクルは効率よく水素を燃焼させられる。

　CNO サイクルは炭素 12 の原子核に陽子が衝突することから始まる。このとき，核融合が起こって窒素 13 が生成されると，この原子核に弱い力がはたらいて炭素 13 の原子核に変わる。炭素 13 は安定だが，ここに 1 個の陽子が融合すると安定な窒素 14 が生成される。さらに陽子が融合し，不安定な酸素 15 が生

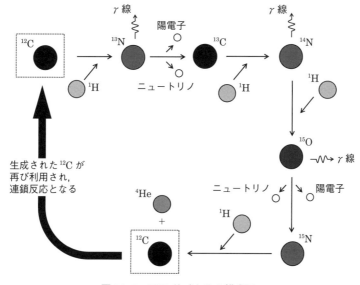

図 11.4　CNO サイクルの模式図

じると，再び弱い力によって窒素 15 の原子核になる。ここに陽子が衝突して核融合が起これば，1 個のヘリウム 4 の原子核と 1 個の炭素 12 の原子核に分裂し，生じた炭素 12 はこのサイクルの最初の炭素 12 として再びサイクルを回しだす。このように，CNO サイクルは炭素 12 を触媒として，4 個の陽子を 1 個のヘリウム 4 へと変換できる反応経路である。太陽の 1.1 倍を超える質量をもつ恒星では，この CNO サイクルが主要なエネルギー生成を担っている。

11.1.3 中心核の水素を使い果たすとどうなるか？

　陽子－陽子連鎖反応でも，CNO サイクルでも，恒星中心部の限りある水素原子核(陽子)を使い果たすときがやってくる。これまでの核融合反応は，陽子が短時間に激しく衝突できる環境で維持されてきたが，陽子の数が減ってくると核融合を維持できなくなる。この段階で核融合は止まり，恒星中心部は不活発な状態になり，中心部から外側へ向かう圧力が小さくなってしまう。

　すると，恒星を形成しているガスが重力のはたらきによって中心部に引き寄せられ，恒星は収縮する。収縮すると重力エネルギーは熱エネルギーへと変換されるため，中心核の外側の温度が上昇し，中心核の外側の水素が核融合できる温度になる。この領域の水素は，かつては温度が低くて核融合反応を起こせなかった部分である。核融合で生じたエネルギーは外側に向かい，恒星の外層を温め，恒星全体を膨張させる。太陽程度の質量の恒星では，この段階になると恒星の半径を 10〜100 倍にも増大させる。

　一方で低い温度のためにヘリウムを核融合させることのできない中心部であったが，中心部の重力による収縮のために再び圧力と温度が上昇し，1 億 K を超えるようになるとヘリウムを使った核融合がはじまる。2 個のヘリウム 4 が核融合してベリリウム 8 が生じるが，ベリリウム 8 は極端に不安定ですぐにヘリウム 4 に分解されてしまう。

$$^4\text{He} + {}^4\text{He} \rightleftharpoons {}^8\text{Be}$$

恒星内部ではこの核融合・核分裂の平衡状態にあり，水素を燃焼させている主系列星の状態にあるとき，この平衡は He に偏っているが，恒星内部の水素を使い果たしてヘリウムを燃焼させている段階ではベリリウム 8 側に偏る。このような状態で圧力が高まると，ベリリウム 8 にヘリウム 4 が衝突し核融合を起こす状況になる。つまり，3 個のヘリウム 4 が核融合し，炭素 12 に核融合される(図 11.5)。3 個(トリプル)のヘリウム原子核(アルファ粒子)が反応するので，**トリプルアルファ反応**と呼ばれる。

　先に述べた CNO サイクルで触媒として利用される炭素 12 は，もともとはこのトリプルアルファ反応で生じた炭素原子が宇宙空間に放出されたものである。この炭素を取り込んで形成された中・大質量の恒星が，CNO サイクルでエネルギーを生成することになる。このことから，宇宙で最初に誕生したファーストスターは大質量であっても，CNO サイクルでエネルギーを得ることはできない。

11.1 宇宙で最初の星はいつできた？

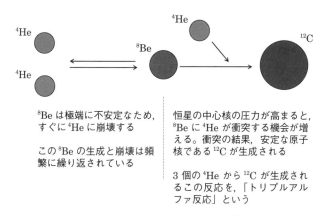

図 11.5　トリプルアルファ反応の模式図
3個(トリプル)のヘリウム原子核(アルファ粒子)によって炭素12を生成する。

11.1.4　さらに重い原子核を合成する

　中・大質量の恒星の中心部のヘリウムは核融合の結果，大量の炭素に置き換えられる。質量が太陽の8倍未満の恒星の中心部の温度では，これ以上の核融合を行うことができない。しかし，質量が太陽の8倍を超える恒星では，中心部が10億Kという高い温度になるため，炭素をもとにしてさらに核融合を進めることになる。

　炭素12にヘリウム4を核融合して酸素12が，また炭素12同士が核融合してネオン20が生成される。中心部で水素を使い果たしてしまったときと同じような過程を繰り返し，炭素を使い果たして核融合の止まった中心核の外側で炭素の燃焼が起こる。このようにして，恒星の中心核を取り巻く層状構造ができあがり，より重い原子核が合成されていくことになる。炭素をもとに酸素とネオンを合成し，マグネシウムを使ってケイ素と硫黄を合成し，ケイ素を使って鉄を合成するまで続く。

　ただし，水素以外の原子核を使ったエネルギー生成の時間は長くは続かない。たとえばヘリウムを使った核融合で生成されるエネルギーは，単位質量あたりで水素の核融合に比べて10～20%にしかならない。質量の重い恒星ほど，

表 11.1　太陽質量の 25 倍の恒星でそれぞれの燃料で核融合を継続する時間

燃料	時　間	継続時間の比率
H	7000000 年	93.3
He	500000 年	6.7
C	600 年	0.008
O	0.5 年	0.000007
Si	1 日	0.00000004

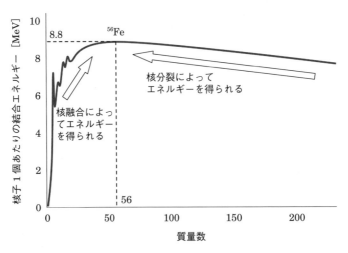

図 11.6 質量数に対する核子1個あたりの結合エネルギー
鉄(^{56}Fe)の原子核の結合エネルギーはすべての原子核の中で最も大きく，鉄が最も安定に存在できることを意味している。

自身の重さを支えるために大量のエネルギーを生じさせる必要があることと，上述のとおり核融合に使う原子核が大きくなればなるほど，単位質量あたりで得られるエネルギーが減少するためである。表11.1に，質量が太陽の25倍の質量の恒星が，それぞれの燃料を核融合する時間を示した。重い原子核で核融合する段階に進むほど，その継続時間が短くなることがわかる。

11.1.5 なぜ恒星内部の元素合成は鉄までなのか

恒星内部の原子核の合成は鉄までしか進まない理由を説明しよう。

鉄はあらゆる元素のなかでも特別なものである。鉄はすべての元素の中で最も安定的に存在できる。その理由は，鉄の原子核の結合エネルギー[2]が最も大きい（図11.6）ことで理解できる。核融合は2つ以上の原子核を融合させて合成された原子核との結合エネルギーの差を利用し，一方で核分裂は1つの原子核の分裂によって生じた原子核の結合エネルギーの差を利用するものである。

鉄よりも軽い原子核は，恒星の中心核が収縮することで中心部の温度を高め，高い温度を必要とする新たな核融合反応を引き起こし，エネルギーを放出することができた。しかし，結合エネルギーの最も大きな鉄が核融合してエネルギーを生じることはないため，これ以上の核融合を進められない。

[2] 粒子が結合した原子核の状態から，粒子をばらばらに解き放つために加えなければならないエネルギーのこと。

11.2 超新星爆発での元素合成

鉄までの原子核を合成した大質量の恒星は，「超新星爆発」という非常に激しい天体現象を引き起こすことになる。超新星爆発は宇宙で最も激しい爆発現象であると考えられている。

11.3 原子の構造　　　　　　　　　　　　　　　　　　　　　125

　科学ドキュメンタリーやSF映画を見ていると，超新星爆発で大きな音が発生しているように聞こえる場面があるが，宇宙空間には音を伝えるための空気が非常に希薄になっており，音は伝わらない。

11.2.1　超新星爆発を引き起こすしくみ

　鉄の原子核が合成される状況の恒星中心部の温度は100億Kとなっている。中心部ではエネルギーを生じることができないため，収縮が進むことになるが，温度の上昇によって光が非常に大きなエネルギーをもったγ線となって存在している。この状態では，γ線が鉄の原子核に吸収され，ヘリウムと中性子に分解される反応が生じる(鉄の光分解)。この反応は吸熱反応で，エネルギーを吸収してしまい，圧力が一瞬で低下する。すると恒星全体が一気に中心部に落ち込み，わずか0.1秒で崩壊してしまう。中心核は中性子でできた中性子星となり，中心部に向かって落ち込んできたガスは中性子星の表面で止まり，衝撃波が発生する。衝撃波の内側は高温で高密度になるため，この圧力によって恒星全体のガスを一気に吹き飛ばす大爆発を起こす。これが**超新星爆発**[3]と呼ばれるものである(正確にはII型超新星)。超新星爆発の後には中性子星が残されるが，恒星の質量が太陽の30倍以上であれば，ブラックホールが形成される。吹き飛ばされたガスが超新星残骸として観測されることもある。

　このときに生じた衝撃波は，恒星中心部で鉄までしか合成できなかった元素合成をさらに進める。鉄より重い原子核の合成は，恒星中心部の状況で吸熱反応となってしまうために進まないと述べたが，莫大なエネルギーを解放する超新星爆発によってガスが加熱され，恒星内部の温度より高い環境が実現され，鉄より重い原子核の合成が進み，宇宙空間に撒き散らされていく。

3) 新星といわれるが，新しくできた星ではない。これまで存在しなかったところに突然，光源が現れるためにこう名付けられた。

11.3　原子の構造

　小学校の頃から原子という言葉には馴染みがあるだろう。原子は原子核と電子から構成されていて，原子核はさらに陽子と中性子から構成され，原子核の周囲を規則正しく電子が配置されていることを学んだはずである。10.2.1で説明したように，素粒子物理学での4つの力は原子の構造に深く関わっているので，ここで原子の構造について確認しよう。

11.3.1　原子核のつくり

　原子を粒と考えれば，原子核はその中心部にあるもので，全体として正の電荷を帯びている。陽子と中性子からできているが，陽子だけでできている例外もある(図11.7)。宇宙に大量に存在する水素イオンである。

　原子核に含まれる陽子の数で元素の種類が決まり，この数を**原子番号**という。さらに原子核に含まれる中性子の数を加えた数を**質量数**という。よく知られているように，陽子は正の電荷を帯びているが，中性子はその名前の由来の

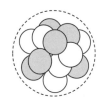

一般に原子核は，正の電荷を
もつ陽子と，電荷をもたない
中性子とで構成される

地球上の水素の99.985%を占める
軽水素の原子核は陽子のみ

図11.7　原子核の構成

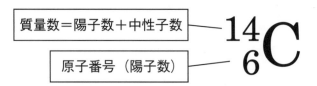

図11.8　原子番号，質量数の表現方法

元素記号の左上に質量数，左下に原子番号を記載する。周期表などから原子番号を知ることができれば，質量数から中性子数を計算することができる。

とおり電荷を帯びていない。

　この原子核内部の陽子や中性子の結びつきは非常に強いため，私たちの身の回りで起こる反応によって原子核の構造が変化することはない。化学反応の前後でまったく異なる物質が生じても，それは原子核の構造が変わったのではなく，物質の原子の結合の相手が組み変わっただけである。

　原子核の陽子の数は同じでも，中性子の数が違う場合がある。これらを**同位体**という。水素の同位体に軽水素，重水素，三重水素の3種類があることはすでに述べたとおりで，ほとんどの元素に同位体が存在する。同位体を区別するために陽子数と中性子数を足した数を質量数と定義する。これらの数を元素記号の周囲に記載（図11.8）することで，中性子数を認識できる。

　原子核の内部には，陽子と中性子がぎっしり詰まっていると中学校では学ぶが，ここで一つの疑問が生じる。陽子は正の電荷をもち，中性子は電荷をもっていない。正の電荷をもつもの同士は反発し合うはずだが，なぜそうならず，ぎっしりと詰め込まれているのだろうか。この原子核内の粒子の結びつきは「強い力」によって実現する。このことは12-3節で詳しく述べる。

11.3.2　原子核はいつまでも変わらないのか

　先に述べたとおり，原子の種類が私たちの身の回りで起こる化学反応で変化することは決してない。しかし，原子の種類が自然界で永久に変わらないかといえば，そうとはいえない。放射性同位体は，変化して別の種類の原子になる。

11.3 原子の構造

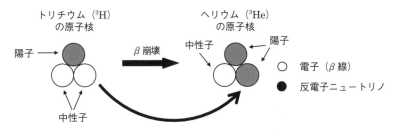

図 11.9　トリチウム(3H)の放射性崩壊

トリチウム 3(^{3}H)はヘリウム 3(^{3}He)へと放射性崩壊(β崩壊)し，このとき電子(β線の実体)と反電子ニュートリノを放出する。これは弱い力の作用によって，1個の中性子が1個の陽子へと粒子の種類が変わり，このとき電子と反電子ニュートリノを放出することに由来する。

表 11.2　主な放射線と性質

種　類	実　体	遮蔽方法
α線	ヘリウム4の原子核	紙
β線	電子	アルミニウム箔
γ線	エネルギーの高い電磁波	鉛や鉄の厚い板
X線	エネルギーの高い電磁波	鉛や鉄の厚い板
中性子線	中性子	水やコンクリート

同位体には安定に存在できる「安定同位体」と，不安定な「放射性同位体」とがあり，放射性同位体はやがて安定同位体へと変わる。一例として，トリチウム(^{3}H)を示そう(図 11.9)。トリチウムは電子を放出してヘリウム 3(^{3}He)になる。この場合，原子核の内部では1個の中性子が1個の陽子に変わり，このとき電子と反電子ニュートリノが放出される。その結果，陽子が合計で2個になり，ヘリウム原子となる。

このように放射性崩壊では放射線が放出されるが，よく知られている放射線にはα線，β線，γ線やX線のほか，陽子線や中性子線などがある。放射線は高いエネルギーをもって流れる粒子や，高いエネルギーの電磁波が実体である。それぞれの放射線によって性質が異なり，それらを表 11.2にまとめた。

これらの放射性崩壊を引き起こすのが，「弱い力」である。ただし，力といっても私たちが日常的に感じている力とは違い，粒子の種類を変えるはたらきをするものである。

11.3.3　原子核と電子

原子核の周囲には電子が存在している。原子全体として電荷を帯びていない(つまり電気的に中性)場合は，原子核内の陽子と同じ数の電子が存在する。正の電荷を帯びている原子核が，「電磁気力」によって電子を引きつけて成立している。それぞれの元素は異なる性質をもつが，それらの性質は原子番号が増え

るにともなって周期的に現れること（周期律）が19世紀末までに明らかにされてきた。この性質を使って元素を規則的に並べることができることに気づいたのが，メンデレーエフ（Dmitrij Mendelejev）であり，その周期性は現在の「元素の周期表」にそのまま活用されている。他の化学者も元素の周期性に着目してはいたが，メンデレーエフが名声を得た点は，当時発見されていなかった元素が入るべき周期表での位置を予測していたところである。

　後に，この周期性は原子核周囲の電子の数の配置に関係することが明らかになる。原子核の周囲には，電子が入ることのできるいくつかの**電子殻**があり，そこにはあらかじめ決まった個数の電子しか入ることができない。最も外側の**電子殻を最外殻電子**と呼ぶ。最外殻に存在する電子を**価電子**と呼び，イオンとなって電荷を示す状態では，中性の状態に比べて電荷がいくつ違っているか（価電子数）を元素記号の右上に示す。最外殻電子は，電磁気力によって原子核から引かれる力が内側の電子よりも小さく，また他の原子に最も近づきやすいため，原子がイオン化したり，物質が結合したりするときに重要な役割を果た

コラム 18

半 減 期

　放射性同位体は，徐々に別の同位体へと崩壊していく。このとき，もとの放射性同位体の個数が半分になるまでにかかる時間を**半減期**という（図参照）。量子論的な議論から，原子がいつ崩壊するかを事前に知ることはできず，ある時間が経過したときに，どれだけの数の放射性同位体が崩壊するかを統計的に知ることしかできない。

　半減期はそれぞれの放射性同位体によって異なっており，カリウム40で岩石の生成年代を計測したり，炭素14などで遺跡の年代測定などに活用したりしている。

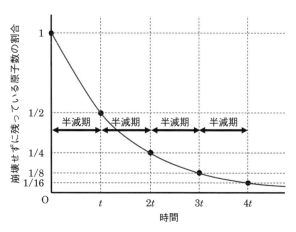

半減期 t の放射性同位体が時間とともに崩壊し減少していく状況

11.3 原子の構造　　　　　　　　　　　　　　　　　　　　　　　　　129

している。

　価電子が1個となるリチウム，ナトリウム，カリウムなどの原子(アルカリ金属という)は軽いうえに軟らかく，水と激しく反応して水素を発生する。価電子を失って1価の陽イオンになりやすい原子である。元素の周期表では最も左側に位置する。

　価電子が7個のフッ素，塩素，臭素，ヨウ素などの原子(ハロゲン)は，いずれも刺激臭をもち，硝酸銀水溶液を加えると沈殿を生じる。最外殻にさらに1個の電子が入れば安定になるため，1価の陰イオンになりやすい。周期表では右から2列目に位置する。

　最外殻に決められた個数の電子で埋められている状態を**閉殻**といい，原子は非常に安定な状態になり，他の原子と反応することはほとんどない。元素の周期表で右端に存在する**貴ガス**[4]と呼ばれる元素で，ヘリウム，ネオン，アルゴンなどがある。

4) かつては希ガスと記されたが，近年は英語の noble gas の意味から貴ガスと表記されるようになった。

11 章　演習問題

11.1　大質量の恒星の中心部で行われる核融合について，水素から鉄までの主な元素の形成過程を図示し，それぞれどのような過程を経て原子核が合成されるのかまとめてみよう。

11.2　II 型超新星爆発について紹介した。現時点で，もうすぐ II 型超新星爆発を起こすと考えられている恒星にはどのようなものがあるかを調べ，具体的な恒星の名前をあげてみよう。さらに，そのような恒星の共通点を説明しよう。また，ここでいう「もうすぐ」とは，どれくらいの時間だろうか。

11.3　放射性同位体の半減期は，遺跡などの年代測定に活用されている。どのように活用されているのかを調べ，具体的な遺跡を例にあげて説明しよう。また，年代測定には放射性同位体を用いるほかに，どのような方法があるのかを調べて説明しよう。

11.4　原子力発電所の使用済み核燃料を処理した後の高レベル放射性廃棄物には放射性同位体が含まれているが，具体的にどのような放射性物質が含まれ，半減期はどれくらいなのかを調べて説明しよう。

コラム 19

超新星爆発

　超新星爆発が銀河内で発生すると，銀河全体の明るさに匹敵するような明るさになり，そのピークの光度は太陽の 1,000 億倍にもなる。そのため，遠方にある銀河で発生した超新星爆発でも観測することができる。この光度は 1〜2 年をかけて暗くなっていく。

　11.2.1 で紹介した超新星爆発は，質量の大きな恒星が重力崩壊によって生じる「重力崩壊型超新星 (II 型超新星)」である。この超新星を地球から観測したとき，水素の存在を示すスペクトルを検出できる。この水素は恒星の表面に存在した水素に由来する。

　ほかにも「核爆発型超新星」(Ia 型超新星) があり，これは宇宙の標準灯台として活用されることは述べた。2 個の天体が共通重心の回りを回転している連星系で，連星をなす白色矮星に，もう片方の星からガスが流れ込んでいるとする。白色矮星の質量に上限値 (太陽質量の 1.4 倍) のあることが理論的に明らかになっており，白色矮星とガスの質量がこの上限値を超えると一気に白色矮星が崩壊し，超新星爆発を起こす。この白色矮星の質量が一定であり，このときに放出されるエネルギー (10^{44} J) は，どのような Ia 型超新星爆発でも共通していると考えられることから，Ia 型超新星爆発は銀河までの距離を計測する標準光源として活用されている。I 型超新星爆発の場合，水素のスペクトルは検出されない。

12. 極微の世界と日常の世界に 違いはあるのだろうか？

　標準モデルはミクロの世界を記述するための理論であることは，10.2 節で説明した。このモデルは，物質が基本的な粒子（素粒子）からできていることを示すだけでなく，素粒子同士が関わり合う（相互作用）はたらきをする別の種類の素粒子があると考える点が特徴的である。この標準モデルは，理論と実験結果が高い精度で一致することが確認されている。

　ここでは粒子の間にはたらく相互作用にどのようなものがあるのか，その相互作用を素粒子が担っているとはどういうことなのかを説明しよう。

12.1　標準モデル

　標準モデルは主に 1960 年代から 70 年代にかけて構築された理論で，少しずつ修正されてはきたが，このモデルの検証のために行われた加速器での実験で生成されるさまざまな粒子を統一的に説明でき，その正しさが確かめられている。ただし，この標準モデルは「ものとはなんなのか」という自然界での素粒子の枠組みを明らかにしたものの，すべてを完全に解き明かしたわけではない。たとえば，宇宙に存在が確認されている「暗黒物質」や宇宙の膨張の原動力となっている「暗黒エネルギー」については，この標準モデルではうまく説明できていない。

　一つ，注意しておかなければならない点がある。標準モデルはあらゆるものを素粒子で考えると述べた。「素粒子」と聞くと誰でも実体を伴った粒をイメージすると思うが，標準モデルで扱う粒子とは，時間と空間に無限に広がる「場」という概念のもとに展開される。このことによって，1 個の粒子が空間と時間のあらゆる点で別の粒子と相互作用することを可能にする。しかし，実際に相互作用を引き起こした瞬間に，それらの粒子の振る舞いが一つの点に収束する。ここでは，理解のしやすさを優先して，あらゆる素粒子を「粒」として説明する。さらに進んだ内容を知りたい読者は，巻末の参考資料でさらに理解を深めてほしい。

131

12.2 「もの」の正体はなにか

　私たちの身の回りの物質が，アップクォークとダウンクォーク，それに電子からできていることを 10-2 節で紹介し，それらの素粒子には仲間が存在していることにも触れた。ここではさらに詳しく説明しよう。

12.2.1 クォーク

　陽子や中性子が何からできているかについて，1964 年にゲルマン（Murray Gell-Mann），ツワイク（George Zweig），ネーマン（Yuval Ne'eman）がそれぞれ独立して理論を発表した。現在ではこの理論は**クォークモデル**と呼ばれ，これが標準モデルのもとになっている。**クォーク**には第 1 世代，第 2 世代，第 3 世代があり，さらにそれぞれにアップタイプ（電荷 +2/3）とダウンタイプ（電荷 −1/3）が存在し（図 12.1），計 6 種類ある。クォークは第 1 世代，第 2 世代，第 3 世代の順に質量が大きく，つまりエネルギーが大きくなる。第 2 世代，第 3 世代のクォークは不安定で，最終的に第 1 世代のクォークへと崩壊する。クォークや次に説明するレプトンには 3 種類の世代が存在するが，それはなぜなのかはまだよくわかっていない。

　クォークとレプトンを**フェルミ粒子**と呼ぶ。フェルミ粒子は物質を構成することができる素粒子である。

12.2.2 レプトン

　レプトンはクォークとは別の種類の，物質を形成する素粒子で，クォークと同様に世代があり，電子より重い**ミュー粒子**，さらに重い**タウ粒子**がある。これらは −1 の電荷をもっており，**荷電レプトン**と呼ばれる（図 12.2）。

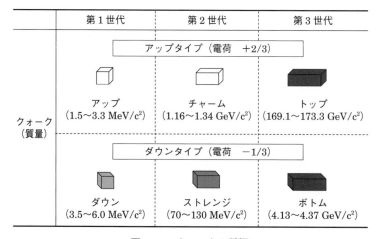

図 12.1　クォークの種類

図では直方体でモデル化しているが，実際の素粒子はこのような形をしているわけではない。

12.2 「もの」の正体はなにか 133

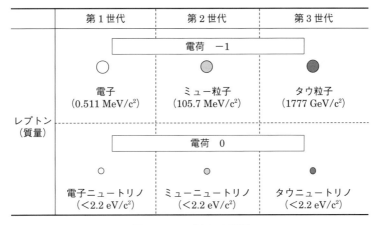

図 12.2 レプトンの種類
図では球でモデル化しているが，実際の素粒子はこのような形をしているわけではない。

　同じレプトンに区分されているものに**ニュートリノ**があり，荷電レプトンとそれぞれ対になる形で電子ニュートリノ，ミューニュートリノ，タウニュートリノがある。これらニュートリノは電荷が0であることと，ほかの粒子と極めて相互作用しにくいことから，ほかの素粒子に比べて発見が遅れた。また，ニュートリノに質量があるかどうかは長い間わかっていなかったが，質量が存在することだけは明らかになった。ただし，ニュートリノの正確な質量は現在も実験的に明らかにされていない。

　ニュートリノはエネルギーを運ぶ。太陽の中心部での核融合によって生じるエネルギーの2%をニュートリノが運び出す。また，超新星爆発が生じる際に鉄原子核が崩壊するときにも大量のニュートリノが生成され，大量のエネルギーを中心部から外側に向かって運び出す。

12.2.3 反物質の存在

　10章で述べたように，フェルミ粒子には**反物質**と呼ばれるものが存在する（図12.3）。ふつうの物質（私たちの身の回りにある物質という意味）と反物質とでは，同じ質量だが，電荷の正負が逆になっている[1]。

　反物質は初期の宇宙では大量に生成されたと考えられているが，何らかの理由によって反物質がすべて消失した。現在，反物質は極めて高いエネルギーをつくり出せる環境の粒子加速器で生成される。自然界では太陽から到達する光エネルギーの粒子（宇宙線）が地球大気の粒子と衝突する際に生成されている。

　エネルギーからは物質と反物質が生じるのだが，物質と反物質が出会うと光（エネルギー）を放出して消滅する。

[1] 電荷をもたないニュートリノにも反物質となる反ニュートリノが存在する。

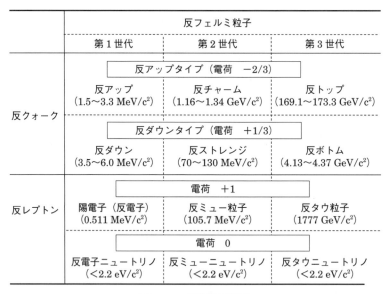

図 12.3 反物質の種類
物質と質量は同じだが，電荷の符号が逆になる。電荷をもたないニュートリノにも反物質が存在する。

12.3 相互作用をもたらす素粒子

標準モデルの特徴は，物質そのものをつくる粒子だけでなく，それらを結びつけるはたらきをする粒子(相互作用する粒子)があると考える点にある。続いて相互作用をもたらす素粒子を，作用させる力の種類ごとに説明しよう。これらの粒子を**ボース粒子**という。

12.3.1 なぜ原子核に陽子が密集できるのか？

原子の中心部に原子核があり，原子核には陽子と中性子が詰まっていると学んだ。そういうものだと暗記すれば疑問もないが，よく考えれば不思議であると 11.3.1 で述べた。これを説明するには，正の電荷を帯びた陽子を原子核に詰め込むことのできる力が必要になる。それが「強い力」[2]である。

強い力は文字どおり非常に強い力で，正の電荷を帯びた陽子どうしが反発する力を抑え込み，陽子と中性子をひとまとめにしている。さらに，陽子や中性子はクォークからできていることも学んだが，クォークをまとめているのも強い力によるものである。重力を 1 とすれば，強い力の大きさは 10^{38} という比率となるほど強い。

強い力を伝えると考えられている素粒子を**グルーオン**と呼ぶ。強い力は素粒子の間でグルーオンを互いに交換することではたらいていると考える。さらに強い力には互いを引きつけ合う引力としてのみはたらく(図 12.4)。

強い力の影響を受ける素粒子は，クォークと反クォークのみで，レプトンはまったく影響を受けない。しかも，この強い力を私たちが直接感じることはで

[2] この力が発見されたとき，電磁気力より強い(およそ 100 倍)力であるため，このように名付けられた。

12.3 相互作用をもたらす素粒子

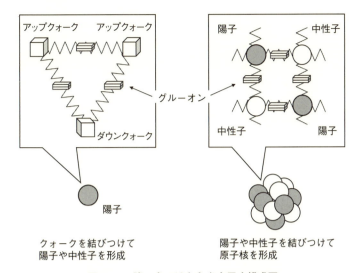

図12.4 強い力のはたらきを示す模式図
強い力は，素粒子の間でグルーオンを互いに交換することではたらいている。強い力は常に引力としてはたらく。

きない。それは，強い力の影響範囲は原子核の大きさ程度という距離に限られているためである。

12.3.2 電荷をもつものの間でやりとりされる光子

電荷は正と負の種類があり，同じ符号であれば斥けあい，違う符号であれば引き合う。この力は何が引き起こしているのだろう。

電荷を帯びた物質の間にはたらく力を**電磁気力**といい，私たちの身の回りで

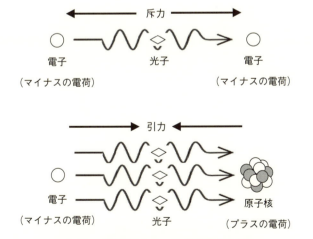

図12.5 電磁気力のはたらきを示す模式図
荷電粒子の間で光子が交換され，電荷が大きくなれば交換される光子の数も多くなる。電磁気力は同符号の電荷の間では斥力，異符号の電荷の間では引力としてはたらく。

起こっている現象のほとんどは，この電磁気力によって引き起こされていると言って過言でない。荷電粒子の間では光子が交換され，このことによって電磁気力が伝わる(図 12.5)。たくさんの光子が交換されればされるほど，電磁気力は大きな力になる。これまでも説明してきたように，光子に質量はない。そのため，この宇宙で最も速い 3.0×10^8 m/s で移動することが可能となる。

さらに電磁気力は無限遠方まで到達する力で，どんなに遠く離れた位置に置かれた2つの物質の間でも電磁気力ははたらいている。電荷を帯びたものの間でやり取りされる光子によって生じる力であることから，電荷を帯びていないニュートリノなどが電磁気力の影響を受けることはない。

12.3.3 素粒子の種類を変えることのできる力

放射線は素粒子の種類が変わるときに放出されることを 11.3.2 で学んだ。たとえば，トリチウムは電子を放射する β 崩壊を起こしてヘリウム 3 の原子核となる。このときに素粒子の種類を変えることのできる力を**弱い力**[3]というが，引き合ったり斥け合ったりという力ではない。

弱い力のはたらきは，アップタイプのクォーク[4]を対応するダウンタイプのクォーク[5]へ(あるいはその逆の方向に)，そしてニュートリノ[6]を対応する荷電レプトン[7]へ(あるいはその逆の方向に)変える(図 12.6)。弱い力は，重い原子核がより軽い原子核へと変わる過程(これを**崩壊**という)，あるいは恒星中心部での核融合のように，軽い原子核が重い原子核へと変わるときにはたらく。弱い力は原子の大きさ程度の距離でしかはたらくことができない。

この弱い力をもたらす素粒子は W ボソンの交換によって生じる。W ボソンには電荷を帯びた W^+ ボソンと W^- ボソンとがある。弱い力を伝える粒子に

---

[3] この力が発見されたとき，電磁気力より数桁弱いため，こう名付けられた。

[4] アップクォーク，チャームクォーク，トップクォークのこと。

[5] ダウンクォーク，ストレンジクォーク，ボトムクォークのこと。

[6] 電子ニュートリノ，ミューニュートリノ，タウニュートリノのこと。

[7] 電子，ミュー粒子，タウ粒子のこと。

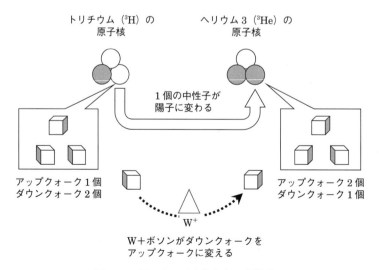

図 12.6　弱い力のはたらきを示す模式図
弱い力は粒子の種類を変えるはたらきをするもので，引力や斥力としてはたらくものではない。

12.3 相互作用をもたらす素粒子

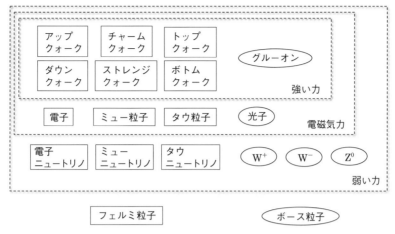

図12.7 フェルミ粒子と影響を及ぼすことのできるボース粒子との関係

は，他にも電荷をもたない Z^0 ボソンがあるが，これは単にエネルギーを伝えるだけの粒子で，いわば質量をもった光子のような存在と考えられる。

強い力はクォークのみに影響を及ぼし，電磁気力は電荷を帯びた粒子に影響を及ぼすことができるが，弱い力はすべてのフェルミ粒子に影響を及ぼすことができる。力を伝える粒子のことを**ボース粒子**と呼ぶが，フェルミ粒子とボース粒子との関係を図12.7に示した。ニュートリノの発見がほかのフェルミ粒子からずいぶん遅れたのは，この素粒子は弱い力の影響しか受けない，つまり相互作用しにくいことから検出が非常に難しいという点にある。

12.3.4 重力を伝えるものはなにか？

ニュートン(Isaac Newton)は，質量のある物体の間には万有引力がはたらくことを明らかにしたが，なぜそのような力がはたらくのかは述べていない。アインシュタイン(Albert Einstein)は，質量をもつ物体が時空を歪ませることで重力を引き起こすと考えたが，質量はなぜ生じるのかについては述べていない。

重力は，強い力，電磁気力，弱い力に比べるとはるかに弱く，一つ一つのフェルミ粒子に及ぼす重力の大きさは，他の力による相互作用に比べれば無視できるほど小さいために，標準モデルの枠組みには取り込まれていない。アインシュタインが予測し，2016年に観測的に確認された重力波を媒介するものとして重力子が想定された。電磁気力を伝えるボース粒子である光子のように，重力を伝えるボース粒子に対応するものがあると考える研究者は多いが，重力子とほかの物質との相互作用が弱すぎて検出できないと考えられている。

学校教育で質量は「ものの性質」と説明されている。質量そのものは，なぜ生じるのだろうか。非常に簡単にいうと，ミクロの世界では質量を降り積もった雪の中の歩きにくさにたとえることができる。質量をもたない光子は，降り積もった雪とはなんの関係もない。質量の小さい物質をスキーを履いた人にた

とえれば，この人は雪の上を滑らかに移動することができる。質量の大きな物質を長靴を履いた人にたとえると，この人は雪に足を取られながら進むことになる。空間での進みにくさを質量の大小にたとえたものだが，この雪に相当する素粒子が，2012 年に確認されたヒッグス粒子である。1965 年に存在が予言され，長い間確認されていなかったが，CERN の実験によって存在が確認された。素粒子とヒッグス粒子との相互作用は，素粒子の種類によって異なる。フェルミ粒子の中でヒッグス粒子と最も強く相互作用するものはトップクォークであり，最も弱く相互作用するものはニュートリノである。相互作用が強くなればなるほど，その素粒子は大きな質量が観測されることになる。

12.4 日常生活ではありえないミクロの世界の振る舞い

　私たちの身の回りの日常世界の常識は，素粒子などのミクロの世界には通用しない。私たちが高校までに学んだ物理学を，そのままミクロの世界へとスケールを小さくして適用すると，現象を正しく説明できないという意味である。そのため，ミクロの世界の物理法則として量子力学が構築されていることを説明した。ここでは，日常生活の常識とは相容れない状況が生じるミクロの世界の事例を 2 つ紹介しよう。

12.4.1 二重スリット実験

　光子が電磁波の実体であることはすでに述べたが，この光子は非常に奇妙なものである。「電磁波」と聞けば波のように感じ，一方で「光子」と聞けば粒であるかのように感じる。光子は「波でもあって，粒でもある」という性質をもつ。「粒が波のように運動している」という意味ではない。光子は波としての性質と粒としての性質を重ねもっているという意味である。この重ね合わせは光子に限らず，ミクロな大きさのものに共通な性質で，このようなものを**量子**という。量子はすべて，波としての性質と粒としての性質を重ね合わせてもっている。これを実験的に示したものが，有名な**二重スリット実験**である。

　2 本の細い隙間（スリット）に向かって，光子を 1 個ずつ飛ばしたとする。このとき，スリットの向こう側に置いたスクリーンに，どのような形が投影されるかを実験する。私たちの身の回りの状況をもとに常識的に考えれば，スクリーンには 2 本の明瞭な線が現れると予想される。しかし，実際にはスクリーンには 2 本の線のみではなく，中央部に 1 本の明るい線があり，その外側に明暗の縞模様の線が観測される。光子の代わりに電子を用いても同じ結果になる。中央に明るい線ができ，その外側に明暗の縞模様ができる現象といえば，どのようなものがあるだろうか。これは波がつくる模様である干渉縞とよく似ている。つまり，この二重スリット実験は，光子（あるいは電子）を飛ばしたときは粒としての性質を示すが，二重スリットを波として通過し，スクリーンに当たると再び粒としてその位置を示すという振る舞いをすることになる。二重

12.4 日常生活ではありえないミクロの世界の振る舞い　　　　　　　　　　　　　　　　139

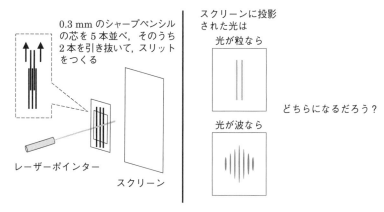

図 12.8　二重スリット実験

この実験は，比較的簡単に行うことができる。シャープペンシルの芯 (0.3 mm) 5本を並べ，2本目と4本目を引き抜いて二重スリットをつくる。このスリットに向かって，赤色のレーザーポインターを照射して，二重スリットを通過した光がどうなるかを確認する。光が粒ならば2本の線が見えるだろうし，光が波ならば干渉縞を示すはずである。

スリットを通過するときに2つに分かれたということは考えられない。なぜなら，光子や電子はもうこれ以上分解することができないからである。

さらに不思議なことに，光子(あるいは電子)が二重スリットの左右いずれを通過したのかを知るためのセンサーを取り付け，量子の軌跡を確認しようとした場合，光子(あるいは電子)は粒としてしか振る舞わない。縞模様がスクリーンに投影されることはない。電子を用いた実験で，このことも確かめられている。この実験は「観測されていなければ波として振る舞い，観測されれば粒として振る舞う」ことを示している。現時点では，それがなぜなのかということはわかっていないし，「そういうものだ」と考えて受け入れることしかできない。二重スリット実験で起こることは，量子の特性を非常によく表している。

光，つまり電磁波が波であることを示す身近な例としては，電波には回折する性質があることがわかりやすいだろう。電波塔の見える場所でなく，大きな建物の陰でもラジオを聞くことができるのは，電波が回り込んで受信機に届くからである。また，8.4節で紹介した，天体からの光の赤方偏移は，波の性質であるドップラー効果によるものである。

一方，光が粒であることは，金属板に光を当てると電子が飛び出してくる光電効果という現象で確認された(コラム20参照)。金属板に光を当てたとき，強い光であっても波長の長い赤色光では電子が飛び出ることはなく，弱い光でも波長の短い紫外光を当てれば電子が飛び出るという実験事実がある。このことを古典的な波の理論では説明できない。アインシュタインは，光がエネルギーのかたまりとしてやりとりし，光の強さとはエネルギーのかたまりである光子の数であると考えた。また波長の長い光はエネルギーが大きく，波長の短い光はエネルギーが小さいと考えた。このように考えることで光電効果をうま

く説明できるようになった。

12.4.2　世界は重ね合わせでできている

　ニュートンの物理学は決定論的であり，過去から将来が厳密に決まる世界である。1925 年，ハイゼンベルク（Wemer Karl Heisenberg）は量子的な世界を説明するために，運動量と位置などの物理量を数学の行列を使って表現する方法を考え出した。高校までの物理学では，運動量や位置は特定の時間で確定した値をもっていたはずだが，それはマクロの世界の話である。ハイゼンベルクは行列を使った方法で量子の世界を記述すれば，電子は空間を覆うように存在していて，厳密な位置や運動量を示さないと結論した。これが**ハイゼンベルクの不確定性原理**である。

　ハイゼンベルクの用いた行列方程式は難解であり，しかも物理量が厳密に決まらないということに納得できなかったシュレーディンガー（Erwin Schrödinger）は，独自に量子力学の理論を構築した。これは多くの物理学者に馴染みのある波動方程式で示されたものだった。シュレーディンガーは自身が示した波動方程式で述べていることと，ハイゼンベルクが行列方程式で述べていることは本質的に同じであることを期せずして証明してしまった。

　具体的にいうと，どんなに優れた計測機器を使っても，実験によって粒子の位置と運動量を高精度で同時に知ることはできないということである。これは計測機器の問題ではなく，不確定性はハイゼンベルクの不確定性原理によって示される量子の世界の振る舞いそのもの，ということである。ニュートン力学では，ある時刻の位置と速度を知ることができれば，将来を知ることができるというものであるが，そもそもこれらの物理量を厳密に決められない以上，将来を決定論的には定められないことになる。

12.4.3　粒子の存在を確率で表す

　シュレーディンガーの考え出した方程式は，粒子の存在確率を示すことのできる方程式と考えることができる。アインシュタインは量子力学が確かによく考えられた理論であることは認めた上で，なお決定論的な理論にこだわり，「神はサイコロを振らない」と述べたとおり，不確定性と確率の根底に決定論的で秩序ある法則が存在すると信じていたようだ。アインシュタインのこの言葉に，「量子論の育ての親」として知られるボーア（Niels Bohr）は「神にあれこれ指図するのはやめなさい」と忠告したと逸話が残されている。

　量子の世界の振る舞いは「存在する確率」で示されるように，複数の物理状態が重ね合わされた状態にある。粒子がどこにあるかを確定することはできないが，その場所に存在する確率を示すことができる。しかし，粒子は必ずどこかに存在するはずである。これをどのように解釈すればいいのだろうか。

　ある場所に存在する確率は，観測した瞬間に実在に変わる。言い換えると多数の状態の重ね合わせの波として存在していたものが，一つの状態に落ち着

12.4 日常生活ではありえないミクロの世界の振る舞い 141

く。これを**収束**という。二重スリット実験を思い出そう。電子を観測する前は，多数の状態の重ね合わせとして存在していたものが，電子がスクリーンに到達した(観測された)瞬間に，位置が確定したことを示している。どちらのスリットを通過したのかを知るためにセンサーで検知(観測)すれば，位置が確定するので波としての状態が消えてしまう。

　観測によって重ね合わせの状態が収束するという考え方を，**コペンハーゲン解釈**という。コペンハーゲンはボーアを中心に設立された理論物理学研究所の所在地に由来する。このコペンハーゲン解釈は，多数の状態がなぜ収束するかについては言及しない。この解釈とは別に，SF でもよく取り上げられる「多世界解釈」が存在する。これはヒュー・エヴェレット 3 世(Hugh Everett III)の発案をもとに，シュレーディンガーが広く紹介したものだ。多世界解釈では，観測によって状態が一つに収束することはない。すべての状態は観測された瞬間に，それぞれが並行宇宙で実現するという解釈である。存在する可能性のあるさまざまな状態は，観測が行われるたびに異なる宇宙へと枝分かれしていくと考える。この解釈では，それぞれの宇宙と互いに情報を交換することはできず，それぞれの宇宙はそれぞれの道をたどって成長するとされる。

　コペンハーゲン解釈と多世界解釈を取り上げたが，ほかにもいくつか理論が存在しており，どれが正しいかの結論はまだ出ていないが，多くの研究者が研究を進めているところである。

12 章　演習問題

12.1　1 個の陽子は +1 の電荷をもち，中性子は電荷をもたない。このことを，素粒子のもつ電荷で説明しよう。

12.2　ニュートリノに質量があるかどうかについて，物理学では大きな関心を集めていた。ニュートリノに質量が存在することを明らかにしたのは，岐阜県に建設されたスーパーカミオカンデを用いた研究によるものであった。ニュートリノが質量をもつことを，どのように明らかにしたのかを調べて，説明しよう。

12.3　強い力・電磁気力・弱い力・重力の 4 つの力について，それらの性質を表などにまとめ，共通点や相違点を明確にしてみよう。

12.4　「量子の振る舞いは確率論的である」という考え方が不完全であることを説明するために，シュレーディンガーは猫を題材にした思考実験を発表した。この「シュレーディンガーの猫」と呼ばれる思考実験について調べ，説明しよう。

― コラム 20 ―

光 電 効 果

　物質に光を当てたとき，電子が飛び出ることを**光電効果**という。物質内の電子は原子核の電磁気力に束縛されており，通常では外部に出てくることはないが，束縛を切るだけのエネルギーが外部から与えられれば，電子は飛び出ることができる。

　実験的に，
　① 飛び出てくる電子の数は光の強さに比例していること
　② ある波長よりも長い光を当てた場合，どんなに光を強くしても電子が出てこないこと
　③ ある波長よりも短い光を当てた場合，どんなに光を弱くしても電子が出てくること

が明らかになっていた。この現象を，光が波であるという仮定の下で説明しようとしても不可能である。古典的な波の理論では，エネルギーは波の振幅の2乗に比例することが知られていた。強い光は振幅が大きいと解釈できるので，それだけ電子を大きく振動させることができるはずだが，波長が長い強い光をどれだけ当てても電子が出てこないことや，その逆に波長が短い弱い光でも電子が出てくることを説明できない。

　プランク(Max Planck)は光のとりうるエネルギーは連続的な値ではなく，飛び飛びの値しか取ることができないことを発見していた。このとき，エネルギー E はプランク定数 h と光の振動数 ν との積の整数倍であることが示された。このことから，アインシュタインは光が粒子でエネルギーのかたまりであり，物体表面の電子を束縛される最小エネルギー(W)よりも照射された光のエネルギー($h\nu$)が大きければ，電子は飛び出すことができると考えた。アインシュタインはノーベル物理学賞を受賞しているが，その受賞理由はこの光電効果に関する研究であった。

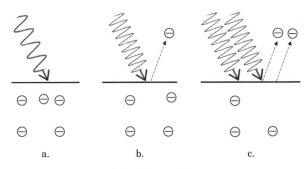

光電効果を示す模式図
(a)ある波長よりも長い光を当てた場合は，電子が出てこない。
(b)ある波長よりも短い光を当てた場合は，電子が出てくる。
(c)飛び出てくる電子の数は光の強さに比例している。

13. 宇宙はこれから　　　　　どうなるのだろうか？

　ハッブルの観測によって遠方の銀河はその距離に比例した速さで遠ざかっていることが明らかにされた。このことから過去の宇宙は，非常に小さな一点から始まったと推測され，宇宙は無から生じたという理論が組み立てられたことを 10.1 節で学んだ。多くの人々に興味ある点は，宇宙はこの先どうなるのだろうか，ということだろう。科学者は宇宙の未来をどのように描いているのかを紹介する。

13.1　天体までの距離を測る

　宇宙論に関する重要なパラメータとなるハッブル定数(H_0)を求めること[1]が，これまで多くの観測天文学者によって行われている。最初にハッブルはこの定数を 526 と算出した。その後のハッブル定数を正確に求めることは，その天体までの距離を正確に求めることと深く関係している。この天体までの距離を計測する方法はサンデージ(Allan Sandage)による「宇宙の距離はしご」を用いた研究で大きく進展した。

[1] 宇宙がある一点から生じ，宇宙の膨張速度が一定であると仮定のもとで，銀河までの距離 r[Mpc] を銀河の後退速度 v[m/s] で割れば，銀河がその距離まで到達した時間を求めることができ，これは $1/H_0$ のことになる。

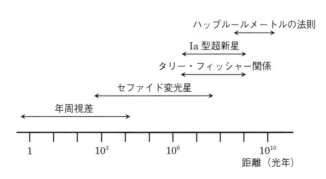

図 13.1　宇宙の距離はしご

天体までの距離を計測するために複数の方法が考え出されているが，それぞれの方法には適応可能な範囲がある。複数の方法を組み合わせながら，より遠方の天体の距離を求めていく様子を表す。

13.1.1 宇宙の距離梯子

天体までの距離を計測する方法として，赤方偏移と Ia 型超新星によるものを紹介した。他にも距離の計測方法があり，それらをはしごのように次々と組み合わせて，遠くの天体までの距離を求めるようすを**宇宙の距離はしご**と呼んでいる（図 13.1）。天体までの距離を計測する方法を紹介しよう。

(1) 年周視差法

2) ある天体を太陽から見た位置と，地球から見た位置のずれの大きさを角度で示したもの。

比較的近い距離にある天体の場合は，年周視差[2]を利用する方法がある。この方法は，天体に対して三角測量を行う方法である。三角測量は街中でも見かけるもので，2点を結ぶ線分の両端から，計測したい点までの角度を測ることで，その地点までの距離を求める方法である。この方法は2点を結ぶ線分が長ければ長いほど，より遠くの天体までの距離を計測できる。天文学で用いる際には，この2点を結ぶ線分は地球と太陽の距離の2倍，つまり3億 km を使う。ある天体を通年で観測すれば，楕円を描いて運動しているように見える。この楕円の長径が，三角測量での頂点の角度に対応する。この方法は，科学史としても重要なもので，地球は太陽の周囲を軌道運動していること，つまり地動説の直接的な証拠でもある（図 13.2，6章のコラム 10 参照）。

年周視差法による天体までの距離計測によって，ヨーロッパ宇宙機構（ESA）のガイア衛星は約 14 億個の恒星までの距離を明確にした。この方法による欠点は，遠い天体では年周視差を明確に観測できないことである。

(2) セファイド変光星の周期光度関係

年周視差法で距離を計測できない，数千光年より遠くの距離にある天体から近傍銀河まで，ある種の変光星の周期光度関係を用いて距離を推測する方法がある。**変光星**とは時間とともに明るさが変化する天体のことをいう。変光の原

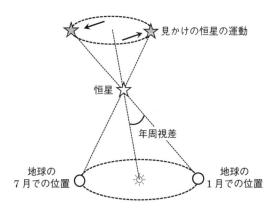

図 13.2 年周視差法による距離の計測の概念図

地球に比較的近い恒星では，年周視差を計測することが可能である。
年周視差が1秒になる距離の天体までの距離が1パーセク（pc）である。

13.1 天体までの距離を測る

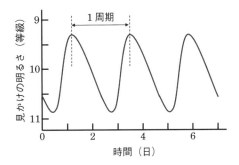

図 13.3 変光星の光度変化の例
光度が規則正しく増減する。

表 13.1 セファイド変光星のグループ

天体名	変光周期	変光振幅（等）
ケフェウス座 δ 型	1.5～60 日	1～2
おとめ座 W 型	2～50 日	0.3～1.2
こと座 RR 型	1.4 時間～1 日	0.2～2
たて座 δ 型	1～4 時間	<0.9

因は天体の状況に応じていくつかある．連星系を構成している天体で，伴星が主星の前面を横切るたびに，主星からの光が地球からの見かけ上は遮られて暗くなる場合，これを**食連星**という．恒星の本体が膨張と収縮を繰り返すことで，周期的に明るさが変化する場合もあり，これは**脈動変光星**と呼ばれる．

脈動変光星のうち，太陽質量の 2～3 倍の恒星が進化する過程で，HR 図上を主系列から離れてセファイド不安定帯に位置するとき（コラム 21 参照），時間とともに明るさが変化する状態を示す（図 13.3）．このような天体を**セファイド変光星**と呼び，いくつかのグループに分けられている（表 13.1）．

これらセファイド変光星は，変光周期が長いほど絶対等級が明るくなる性質をもつ．具体的には，セファイド変光星を観測して変光周期が明らかになれば，周期光度関係から絶対等級が明らかになり，距離を推測することが可能になる．特にセファイド変光星は進化した準巨星や超巨星であり絶対等級が明るいことから，遠いところまで観測することができるという利点がある．

この方法を用いた距離計測によって，5 千万光年までの距離を計測することが可能とされる．

(3) タリー・フィッシャー関係

より遠方の銀河までの距離に対して，渦巻銀河の絶対等級と回転速度の間に関連性が知られている（**タリー・フィッシャー関係**）．因果関係は明らかでないが，この関係性は銀河の数値シミュレーションでも成り立つことが示されてい

る。この方法は，銀河の回転速度を計測できる範囲まで適用でき，およそ 100 Mpc までの銀河までの距離を推定することができる。

タリー・フィッシャー関係は渦巻銀河でしか成り立たない関係だが，楕円銀河には別な関係が存在している。楕円銀河では，銀河内の一つ一つの恒星はランダムに運動しているが，その動く速度の幅（速度分散）と楕円銀河の絶対光度との間に相関がある（フェイバー・ジャクソン関係）と考えられている。

(4) Ia 型超新星

6.2.2 で紹介したので，ここでは補足的な説明をする。Ia 型超新星は，発生するメカニズムから，どの Ia 型超新星爆発も同じ明るさで輝くと述べたが，実際には明るくなったあと，ゆっくりと暗くなっていくものは本当は明るい Ia 型超新星で，すぐに暗くなるものは想定されていたよりも絶対等級が暗い Ia 型超新星であるということが明らかになった。このようなことがわかると，これまでに発見された超新星爆発の観測記録をもとに，超新星までの距離を再計算し，より正確な値を得ることができる。また，Ia 型超新星の光度曲線を調べ，その超新星が属する銀河までの距離を他の方法で求めることが体系的に研究され，超新星の光度曲線の測定のみで距離を求められるようになった。

(5) スニヤエフ・ゼルドヴィッチ効果

この手法は，遠方になればなるほど，見かけの大きさが距離に比例して小さくなることを利用するものである。銀河団などには高温のガスが存在しているが，その内部を宇宙マイクロ波背景放射（コラム 22 参照）が通り抜けるとき，銀河団内の高温の電子による影響を受け，宇宙マイクロ波背景放射の光子のエネルギーが変えられてしまうが，このことを**スニヤエフ・ゼルドヴィッチ効果**という。この効果が生じていると，宇宙マイクロ波背景放射の単位波長あたりの強度が変わる。電波強度の変化は銀河団内の電子の温度・密度，銀河団の大きさに比例するため，観測によって（X 線による観測）銀河団内の電子温度と密度を得ることができれば，銀河団の実際の大きさを求めることが可能になる。

銀河団は前述のとおり，宇宙で最も大きな規模の構造体であるため，三角測量と同様の原理で銀河団までの距離を推測することができる。

13.2 加速する宇宙膨張

爆発時の絶対光度が詳しく解明されている Ia 型超新星を用いれば，観測された見かけの明るさとの関係（物体の明るさは距離の 2 乗に反比例する）によって距離を計測できることを学んだ（6 章のコラム 10 参照）。また，光の速度は有限（約 30 万 km/s）で，「遠くを見ることは過去を見ること」であり，遠方からの光の波長は長波長側へとずれる（赤方偏移）ことも学んだ（8.4 節参照）。

1998 年にパールムッター（Saul Perlmutter）たちとシュミット（Brian

13.2 加速する宇宙膨張

コラム 21

HR 図

　横軸に恒星の表面温度(またはスペクトル型・色)，縦軸に光度(絶対等級)をとったものを HR 図という。ヘルツシュプルング(Ejnar Hertzsprung)とラッセル(Henry Russell)によって独立に提案されたものである。

　HR 図は縦軸方向の上に向かうほど明るくなり，横軸方向の左に向かうほど温度が高くなる。観測されるさまざまな恒星をプロットすると，主系列星は図の左上から右下にかけて分布し，主系列から進化した巨星は図の上の部分に並ぶ。白色矮星は左下に分布している。恒星の進化に従って，HR 図上を移動していく様子を示している。原始星として誕生し，中心部で核融合を行うようになった恒星は主系列星の位置に乗り，中心部の水素を使い果たすと主系列を離れ，右上の領域にある巨星へと移動していくことになる。

　恒星からの光を分光すると，恒星大気中の原子や分子によって吸収線のスペクトル(吸収スペクトル)が現れる。これらの吸収スペクトルの種類と強弱によって，O・B・A・F・G・K・M 型に分類する。スペクトル型と恒星の表面温度には関係があり，O 型ほど表面温度が高く，M 型になるほど低くなる。O 型星の表面温度は 45,000 K に達し，M 型では 3,000 K ほどである。太陽の表面温度は 6,000 K なので，スペクトル型は G 型に属する。

　また，恒星の表面温度の違いは，恒星の色にも対応する。高温であるほど青白く(O・B 型)見え，表面温度の低下に伴って白(A 型)，薄黄(F 型)，黄(G 型)，橙(K 型)，赤(M 型)のように対応づけられる。

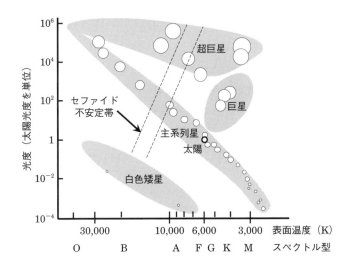

比較的太陽に近い恒星に対して，プロットしたもの。観測された恒星の温度(スペクトル型)と光度により，その恒星が主系列星・巨星(超巨星)・白色矮星のいずれであるかを知ることができる。

(https://chandra.harvard.edu/edu/formal/stellar_ev/story/index3.htm を参考に作成)

Schmidt)たちはおよそ20億年前のIa型超新星爆発を観測した。彼らは新たに開発されたデジタルセンサーによって，高い精度で超新星爆発の明るさを計測することができた。宇宙の膨張速度がどの時代も一定であると仮定すれば，彼らの観測した超新星の明るさを計算することが可能である。観測による明るさの実測値と，宇宙の膨張速度を考慮した想定上の明るさを比較したところ，彼らの観測した明るさの実測値が想定よりも暗かった。彼らの観測結果が事実だとすれば，「実際の観測結果が赤方偏移からの予測よりも暗いということは，観測された超新星の実際の位置が赤方偏移から予測される距離よりも遠いところにある」という解釈を導くことができる。

　これは「宇宙の膨張速度は一定ではなく，過去よりも最近の方が膨張速度は大きく，つまり加速している」ことになる。この研究が発表されたころ，この研究結果には疑問が投げかけられたという。当時は，宇宙内部に存在する物質の質量が生み出す重力のため，宇宙の膨張速度は時間とともに小さくなっていくと想定されていたのである。研究結果に対し，観測された超新星と地球との間に存在する塵に光が吸収されてしまえば，観測される光は暗くなり，より遠くの超新星であればあるほど暗く観測される，という反論もなされた。

　その後，2001年にハッブル宇宙望遠鏡が超新星SN1997ffを観測していたことが確認された。これはハッブル深宇宙探査によって観測されていたもので，地球から100億光年に相当する位置にあるIa型超新星であった。SN1997ffは，宇宙の膨張速度が一定であると仮定したときに想定される明るさを上回る明るさの超新星であった。また，超新星の明るさが塵による吸収のために暗くなり，遠方の超新星であればなお強く影響を受ける，という先の反論は否定された。ハッブル宇宙望遠鏡の観測結果は，「100億年前にこの超新星爆発が起こったときの宇宙の膨張速度は想定よりも小さい，つまり膨張速度が減速している途中だった」と解釈される。これらの観測結果から，宇宙の誕生後，膨張速度は減速傾向にあったものの，時間の経過とともに膨張速度は加速に転じた，と考えられている(図13.4)。

　かつての「宇宙内部に存在する物質の質量が生み出す重力のため，宇宙の膨張速度は時間とともに小さくなっていく」という考え方は，重力の存在を考えると理解しやすいが，観測事実はそうなっていないことが明らかになった。

　力がはたらいているということは，何らかのエネルギーが宇宙全体に満ちていることになる。現在までの宇宙の状態を事実として受け入れ，これまで成功していた宇宙論と辻褄を合わせようとすれば，宇宙には重力とは逆の，反発する力を及ぼすエネルギーが存在すると考えざるを得ない。そのような反発する力を身の回りで簡単に見出すことはできず，天文学者はこのエネルギーを**暗黒エネルギー**と名付けた。暗黒エネルギーの実体は今も明らかでないが，欧州宇宙機関の研究では，現在の宇宙のエネルギー比率は68.3%が暗黒エネルギーであると考えられている(図13.5)。

　現在の暗黒エネルギーに関する研究では，素粒子物理学からのアプローチが

13.3 この先宇宙はどうなるか？

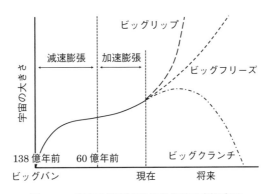

図 13.4 宇宙の膨張速度の変化を示す概略図

宇宙の膨張速度は現在まで一定ではなく，約 60 億年前に加速したことが明らかになっているが，膨張を加速させた原因は明らかでない．将来の宇宙の膨張速度の変化について，大きく分けて 3 つのパターンが予測されている．

https://chandra.harvard.edu/photo/2004/darkenergy/more.html
（Credit: NASA/CXC/M. Weiss をもとに作成）

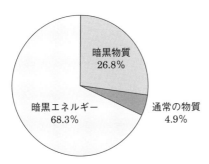

図 13.5 現在の宇宙のエネルギー比率

現在の宇宙に存在する，私たちの身の回りにあるような「通常の物質」はわずか 5% にも満たない．
（G. Hinshaw et al. ApJS, 208, 19, 2013 をもとに作成）

有効となる可能性が指摘されている．暗黒エネルギーは真空の量子ゆらぎから生じるという考え方が有望視されているものの，明確なことはなにもわかっていない．

13.3 この先宇宙はどうなるか？

13.3.1 アインシュタインも悩んだ宇宙観

今までの説明で宇宙の膨張速度が変わってきたことを学んだが，ではこの先の宇宙はどうなると考えられるだろうか．

これまで紹介してきた宇宙のモデルは「膨張宇宙モデル」である．かつては宇宙は静止していると考えた「静止宇宙モデル」も提唱されていたが，これまでの説明のとおり，観測事実と相容れない．

アインシュタインがつくり上げた一般相対性理論の基礎方程式は，「宇宙に存在する物質のエネルギーと運動量が，重力定数を介して物質が存在している

宇宙の幾何学構造を決める」というものである。一般相対性理論は，宇宙が時間的に同じ状態のままで存在し続けることはなく，宇宙の大きさは変化することが示され，方程式からは重力の影響によって収縮する宇宙，あるいは重力による引力に打ち勝って銀河が互いに遠ざかる宇宙のいずれかの解が得られた。

　この方程式が発表された1916年当時は，宇宙が膨張していることは知られていなかったうえ，「宇宙は神が創ったものであり，その宇宙自体が変化することなどありえない」といった考え方が西欧では広く受け入れられていた。アインシュタインは自らが積み上げた理論的な根拠をもつ基礎方程式と，広く受け入れられている宇宙観との間で悩み抜き，「宇宙項(Λ)」と呼ぶ定数を方程式に加えた。宇宙項は重力とつり合う反発力としてはたらき，宇宙の大きさは時間的に変化しないことになる。アインシュタインは「静止宇宙モデル」を提唱したが，その後ハッブルの観測などから宇宙が膨張していることが明らかとなり，1931年に宇宙項は必要ないことを自ら発表したという経緯がある。

　しかし現在，この宇宙項が注目されている。アインシュタインが当初期待していた「宇宙の膨張を止める」はたらきをするのではなく，「宇宙の膨張を加速する」はたらきとして，つまり暗黒エネルギーとしてのはたらきである。ただし，なにが暗黒エネルギーの正体であるかについては，前述のとおり明確になっているわけではない。

13.3.2　膨張モデルのいろいろ

　膨張宇宙モデルでも，膨張のしかたによって「開いた宇宙」「平坦な宇宙」「閉じた宇宙」の3種類が考えられる。これは，宇宙の物質密度に依存する。宇宙に存在する物質がかなり少なければ，物質によって生じる重力のはたらきでは宇宙の膨張を止めることができず，宇宙の膨張は加速しながら永遠に続いていく。これを**開いた宇宙**という。逆に，宇宙に存在する物質が十分に多ければ，物質が生じる重力がやがて膨張を止め，宇宙は収縮する。これを**閉じた宇宙**という。物質の量が多いとか少ないとかいうためには基準が必要だが，すべての物質とエネルギーを考慮した宇宙の平均密度のある値を基準にする。この値を**臨界密度**[3]といい，現在の具体的な数値は10^{-29}g/cm^{3}である。

　もし，宇宙に存在する物質の密度が臨界密度と同じだとすれば，膨張は減速し続けるが止まることはなく，無限の未来で静止することになる。これは**平坦な宇宙**である。将来の宇宙の運命は，この臨界密度をどれだけ正確に導くことができるかで左右されるとも言え，研究が続けられている。

　将来の宇宙の具体的なイメージを説明しよう（図13.4も参照のこと）。開いた宇宙のうち，加速膨張のはたらきが大きい場合の未来では，空間が銀河を引き離し，銀河や恒星などを引きちぎり，さらに原子や素粒子，ついには時空そのものを引きちぎってしまうとされる**ビッグリップ**の可能性がある。この場合，将来的に暗黒エネルギーが時間とともに増加し，基本的な4つの力（強い力・電磁気力・弱い力・重力）を上回ると仮定される。

[3] 臨界密度はハッブル定数を変数に含んでおり，万有引力定数 G，ハッブル定数 H として $3H^2/8\pi G$ である。

13.3　この先宇宙はどうなるか？　　　　　　　　　　　　　　　　151

　同じ開いた宇宙でも，宇宙は永遠に膨張を続けるものの，宇宙に存在するエネルギーは有限であるとした場合には，時間の経過とともにあらゆる銀河が孤立し，恒星の核融合が終わって新たにエネルギーを生み出すことがなくなり，最終的には宇宙全体の温度が極限まで低下して，いかなる反応も起こらなくなる未来が考えられる。このような宇宙の将来は**ビッグフリーズ**と呼ばれる。

　もし，閉じた宇宙，つまり重力のはたらきが宇宙を膨張させるはたらきに打ち勝つ状況を仮定すれば，宇宙はやがて収縮し，結果的に宇宙は超高温・超高圧だったビッグバンの状況に戻ってしまう。この状況を**ビッグクランチ**といい，そのような状況になれば再びそこから膨張を起こし，膨張と収縮を繰り返す宇宙が存在するかもしれない。

　現在得られている観測事実からは，将来的な宇宙がビッグクランチになる可能性はほとんどなく，ビッグフリーズあるいはビッグリップのどちらかになるとの考え方が支持されている。

13章　演習問題

13.1　年周視差の測定はコペルニクスが提唱した地動説の証拠となったが，ほかに地動説が正しいことを説明できる自然現象には，なにがあるだろうか。さらに，年周視差の測定は天動説が信じられていた頃の宇宙観を大きく変えた。その宇宙観とはどんなものだったか，それぞれを調べて説明しよう。

13.2　変光星という種類の天体が存在することを学んだが，肉眼で明るさが変わることを確認できる変光星はあるだろうか。調べてみて，実際に観測して記録をつけてみよう。

13.3　恒星の進化に従ってHR図の位置を移動していくことを説明した。質量の小さな星，太陽程度の質量の星，質量の非常に大きな星の3種類の恒星の進化に伴う位置を，HR図上に示してみよう。

13.4　現在の物理学で，暗黒物質が盛んに研究されている。「暗黒」とは未知であることを表しているが，現在までの研究で暗黒物質が存在する証拠を説明し，暗黒物質の候補となっているものを説明しよう。

---- コラム 22 ----

宇宙マイクロ波背景放射

　宇宙誕生から 38 万年後，宇宙が約 3,000 K まで冷え，電子が原子核に捕獲されて水素原子の状態になった（宇宙の晴れ上がり）とき，それまで電子と相互作用していた光子が直進できるようになった。1948 年にアルファー（Ralph Alpher）とハーマン（Robert Herman）は，このときに直進するようになった光子（つまり電磁波）は赤方偏移によってマイクロ波で観測されると考えた。このマイクロ波は宇宙のどの方向からも地球に届いており，それ以前に放射される電磁波は存在しないことから，**宇宙マイクロ波背景放射**と呼ばれる。

　アルファーとハーマンによって予測されたマイクロ波は，1960 年になってペンジアス（Arno Penzias）とウィルソン（Robert Wilson）によって発見された。彼らは巨大な電波望遠鏡をどの方向に向けても同じ強度でノイズが生じる原因を探っていたが，このノイズこそが宇宙マイクロ波背景放射であった。

　物質はその温度に応じて放射する電磁波の波長が決まり，波長から物体の温度を求めることもできる。マイクロ波の波長から温度を求めると 2.7 K に相当する。宇宙の晴れ上がりで放射された赤外線の電磁波は，大きな赤方偏移を受けることによって，マイクロ波の電磁波として観測される。

　アルファーとハーマンの予測していたマイクロ波は黒体輻射のスペクトルを示すとされていたため，宇宙論的な観点から，ペンジアスとウィルソンの発見したマイクロ波がそのようなスペクトルをもつかに関心が向けられた。ところが，予言されていたスペクトルのピーク波長（約 1 mm）の観測は，地球大気が不透明なために地上からの観測では明らかにできなかった。1990 年になって，NASA の打ち上げた宇宙背景放射探査衛星（COBE）の観測結果が発表され，アルファーとハーマンの予想どおりのスペクトルをもつことが確認された。

　もし，初期宇宙が完全に均一であれば，宇宙で物質の濃淡は形成されず，天体が形成されないことになる。宇宙の晴れ上がりの時点で，わずかでも物質分布に不均一があれば，密度の濃い部分で重力のはたらきによって天体が形成される種になると期待される。COBE の観測は，宇宙マイクロ波背景放射が完璧に均一でないことも明らかにした。宇宙の晴れ上がりのときの温度には，1 万分の 2 K ほどと極めてわずかではあるが，ゆらぎが存在することも明らかにした。このゆらぎは初期宇宙に存在した密度差の痕跡であると考えられる。その後，宇宙マイクロ波背景放射の温度ゆらぎをより高精度・高感度で観測する目的で打ち上げられたウィルキンソン・マイクロ波異方性探査機（WMAP）により，ハッブル定数が 71 と考えられることなどが明らかになった。

　このゆらぎは，宇宙に存在が示唆されている，電磁波には影響を受けないが，重力に影響を受ける物質である暗黒物質が原因ではないかと考える説がある。宇宙初期から存在していた暗黒物質が集まり，宇宙の晴れ上がり後はこれらの暗黒物質にガスなどのバリオンが集まって集中的な恒星の形成が起こったのではないかと考えられている。

14. 生命はどのように 生まれたのか？

　宇宙のしくみや，さまざまな天体，さらに物質を構成する素粒子などについて学んでいくと，それらは生命体と切り離された世界のような感覚になるかもしれない。しかし，生命体はこの宇宙に存在し，私たち人類は「この宇宙に仲間はいるのか，ひとりぼっちであるのか」を探っている。

　生命体の起源や，生命体の存在できる条件などを考えよう。

14.1　生命とは何か？

　私たちはごく当たり前のように「生物」や「生命体」，あるいは「生命」などの言葉を使っているが，生物とはなにを示すのだろう。現時点で，生物や生命体が明確に定義されているわけではないが，一般的には次のような機能をもつ有機物質と考えられる。

　　・外の環境と明確な境界で隔てられる細胞のような構成単位をもつ
　　・外の環境から物質やエネルギーを取り込んで，物質の代謝[1]を行う
　　・自己複製することができ，自己増殖できる

1) 内部で生じるすべての化学変化とエネルギー変換をいう。

　近年，新型コロナウイルスが世界的に流行し，毎日のようにニュースで扱われ，ウイルスの特徴なども詳しく報道されていた。ウイルスが生命体であるかどうかは研究者の間でも議論になっているところではあるが，ウイルスは代謝を行わない。自己複製する能力はなく，宿主の細胞を利用して自己の遺伝情報を複製するため，上記の3項目を満たすものを生物と定義するのであればウイルスは生命体ではないことになる。

　ウイルスの話題と並行して取り上げられるものに細菌がある。こちらは細胞壁という外界との明確な境界があり，代謝も行う。栄養があれば成長・増殖もするため，細菌は生物に分類される。

14.2　生命体の基本であるタンパク質

　中学校の理科で学習するとおり，生命体はタンパク質で成り立っており，タンパク質はアミノ酸が結合したものである。生命が存在する前の地球環境には，すでにアミノ酸は存在していたと考えられているが，それらのアミノ酸がタンパク質へと結合し，やがて生命へと進化していった過程を明らかにすることが生物学で大きな関心をもたれている。

　現在の生物は，巨大で複雑な構造をもったタンパク質を合成して生命活動を維持している。初期の生命体はこのようなタンパク質よりももっと単純なタンパク質を合成し，やがてより複雑な構造のタンパク質を合成するようになったと考えられるが，その過程はまだ明確になっていない。最近の研究によれば，生命誕生の頃に存在したと考えられている生命機能に必須なタンパク質の構造を，7種類のアミノ酸のみでつくり出せることが明らかになり，立体構造や機能を有するタンパク質の合成がこれまでの想定よりも容易であるとの指摘もされている。

　基本的な構造の組み合わせから，生命体の機能をもつ複雑な構造をもつタンパク質が合成される過程が明らかになれば，生命誕生の時期や環境が明確にされる可能性がある。

14.3　生物の分類

　地球上のどのような生命体でも，その構造はタンパク質でできている。そういう観点から生命体の起源はタンパク質の集合体であろうということは推測できるが，最初の生物がどのような構造をもっていて，どこで，どのようにしてできたのかはさまざまな議論がある。

　現在の生物学は，遺伝子レベルで研究を行う分子生物学が発展したことで，生物がどのように進化してきたかを明らかにすることができるようになった。現在のところ，生物は**3ドメイン説**[2]と呼ばれる3つの種類に分類されるとする考え方が主流で，古細菌，真正細菌，真核生物に分類されている（図14.1）。

[2] 生物分類で最も高い階級。3ドメイン説はカール・ウーズ（Carl Richard Woese）によって1990年に提唱された。

　　・**古細菌**···深海や地下深く，超高温や超高圧，高塩濃度や非常に強い酸性の環境にも生息する。酸素のないところにも存在する。このような特徴から，地球が誕生した当初の環境に適合していた生物と考えられている。細胞内に核をもたない。真核生物は古細菌から進化の過程で分岐したと考えられている。
　　・**真正細菌**···古細菌とともに，初期の地球環境で生息していたと考えられている。大腸菌やシアノバクテリアなど多様な細菌が存在しており，現在でも真正細菌の2%ほどの種しか確認されていないという説もある。古細

14.4 地球環境と生物の進化

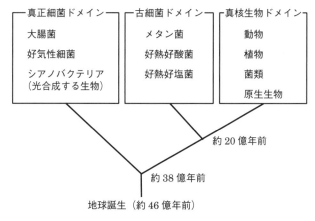

図 14.1 生物の 3 ドメイン説とそれぞれが分岐した年代

現在の生物分類学では，生物を真正細菌ドメイン（単に細菌ドメインとも呼ばれることがある），古細菌ドメイン，真核生物ドメインに分類している。初期の地球には真正細菌と古細菌しか存在しておらず，真核生物は古細菌から進化したと考えられている。

菌と同じく細胞内に核をもたないが，古細菌とは細胞壁や細胞膜の構造が化学的に大きく異なる。非常に極端な環境で生存する種も存在する。

・**真核生物**···古細菌や真正細菌（これらを**原核生物**という）には核がなかったが，細胞内に遺伝情報を担う DNA を収める核をもつ生物で，核はタンパク質を合成する組織であるリボソームの多数付着した小胞体に取り囲まれている。この構造のおかげで，原核生物と同様に細胞内での物質の生成や伝達をスムーズに行うことができる。真核生物は進化の過程で真正細菌を細胞内に取り込み，細胞内に共生させることで生存に有利にはたらかせたと考えられており，その例として酸素をもとにエネルギーを産生するミトコンドリアや，光合成を行う葉緑体などがある。

14.4 地球環境と生物の進化

14.4.1 原始大気の形成

生物は，その生息環境に適応できるように進化する。つまり地球環境は生物の進化に影響を及ぼすが，生物のはたらきによって地球環境が大きく変化する場合もある。地球の生物史の概略を図 14.2 に示した。

地球が形成されたと考えられる 46 億年前は，惑星を形成するほど大きく成長できなかった微惑星が地表に降り注いでいたと推測されている。微惑星が衝突している状況では衝突によるエネルギーによって温度が非常に高くなっており，**マグマオーシャン**と呼ばれるように地球全体がマグマのかたまりのような状態であった。

流動体となっていた地球は，密度の違いによって鉄やニッケルが地球中心部

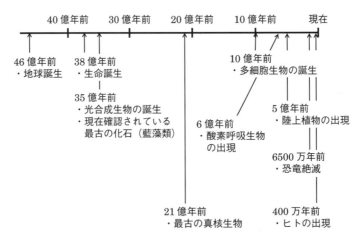

図 14.2 生命史の概略
地球史の全体から考えると，ヒトが出現した時代はごく最近であることが理解できる。

へと沈み込み，ケイ素など密度の小さな物質は表面へと移動して地球は層状構造となった(これを**分化**という)。地球の質量によって生じる重力は，大気の軽い成分を保持できるほど大きくないため，原始太陽系の大気成分のほとんどを占める水素やヘリウムは宇宙空間へと逃げてしまった。また高温の地球の岩石成分から，水蒸気や窒素，二酸化炭素などが大気中に放出されたと考えられ，その結果，地球大気には水蒸気(100気圧)，二酸化炭素(60気圧)，二酸化硫黄(数気圧)からなる原始大気が形成され，地上数百 km に厚い雲が形成された。

地球の重力に引かれて落ちていった地球周辺の微惑星の数はやがて減少し，地球は熱源としての微惑星の運動エネルギーを得られなくなったために徐々に冷え，十分に冷えると雲から雨が地表に降り出し，原始海洋を形成する。明確に時期が明らかになっているわけではないが，このころに生命が誕生したと考えられている。前述のとおり，このころ誕生した生命体は，現在に比べれば非常に極端な環境下で生存できる生命体だったはずである。

二酸化炭素や二酸化硫黄は水に溶けやすいという性質をもつため海に溶け込み，大気中の二酸化炭素濃度は低下する。海水中で二酸化炭素はさまざまな物質と化学反応を起こし，二酸化ケイ素(SiO_2)や石灰岩($CaCO_3$)などを形成させ，これらの成分は海底に堆積していく。大気中の二酸化炭素や二酸化硫黄が減少することにより，大気の主成分は窒素に変わっていく。

初期の生命体は大量の有機化合物が含まれた海水中で誕生したと考えるのが一般的で，周囲の有機化合物を取り込んで増殖したと考えられる。このような生物を**従属栄養生物**と呼ぶ。しかし，この学説には生物がどんどん増殖していくと，有機物が枯渇し，生命体が絶滅してしまう可能性があるという欠点がある。一方で，鉱物などの表面の水素などから化学エネルギーを得て，炭素固定によって有機物をつくり出す**独立栄養生物**が起源であったという説もある。こ

14.4 地球環境と生物の進化

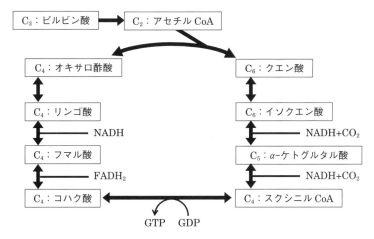

図14.3　TCA回路（クエン酸回路）の模式図

糖を分解して得られたピルビン酸から効率よくエネルギーを取り出すことができるほか，アミノ酸など生命体に必須な材料を生成する。この過程で生成されたNADHやFADH$_2$はエネルギーの生成（ATP合成）に使われ，ATP類似物質のGTPが直接合成される。酸素を必要としない生物では，回路ではなく2つに分岐した経路を使うなど，生物にとって基本的なしくみとされる。

ちらは，環境中に存在する大量の有機物をなぜ利用しないのかという疑問がある。最近の研究では，初期生命は従属栄養生物と独立栄養生物の両者の長所を備えた**混合栄養生物**であったという説がある。環境中の有機物の濃度に応じて，エネルギーを生み出す方法を切り替えられるしくみをもった生物が混合栄養生物である。生物の多くは細胞内でエネルギーを生み出すしくみにTCA回路（図14.3）をもっており，このTCA回路の原型をもった生物が最初期に誕生した生物であると考えるものである。

14.4.2　大気中への酸素の放出

地球形成の初期には，大気中にほかの物質と結び付いていない酸素（自由酸素）は存在していなかった。

25〜35億年前に光合成を行う真正細菌の一種であるシアノバクテリアが現れた。光合成は無機物である二酸化炭素から炭水化物を生成するしくみであり，光エネルギーを利用して水を分解し，ATPやNADPHを合成する過程（光化学系）と，そこで得たATPなどを使って二酸化炭素から炭水化物を合成する過程（**カルビン回路**，図14.4）からなる。光合成は細胞内の葉緑体で行われる（シアノバクテリアは細胞全体が葉緑体のように機能する）。

シアノバクテリアによってつくり出された酸素の生成速度が，生物の呼吸によって消費される酸素の消費速度を上回ると，自由酸素が海水中や大気に放出される。酸素の特徴の一つに非常に高い反応性があり，酸素は他の物質と結びつき，酸化物を形成しやすい。シアノバクテリアが初期に生成した酸素は海底の鉄や硫黄を酸化した。さらに二酸化炭素は光合成に必要とされるため，シア

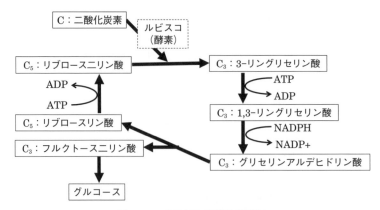

図 14.4 カルビン回路の模式図

酵素であるルビスコがリブロース二リン酸と二酸化炭素を結びつける．無機物として存在する炭素を，有機物に変換して生体内に取り込むことを炭素固定という．

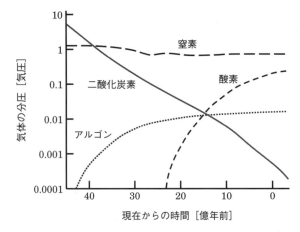

図 14.5 地球大気成分の変遷

地球の原始大気の組成は，生物のはたらきによって大きく変化した．
(丸山茂徳・磯﨑行雄『生命と地球の歴史』1998 年 岩波書店の図を改変)

ノバクテリアが消費した二酸化炭素は大気中からつぎつぎと補給され，大気の二酸化炭素の分圧は低くなっていく（図 14.5）．

約 20 億年前，シアノバクテリアが海水で大繁殖するようになると，海底の鉱物のほとんどはすでに酸化されているため，海水は酸素の飽和状態になる．酸素はやがて大気中に放出されるようになっていく．大気に放出された酸素は，海水中と同じようにまずは地表の鉱物を酸化するために消費されるが，これも飽和状態になると大気中に蓄積されていく．

14.4.3 オゾン層の役割はなにか？

大気中の酸素が増加してくると，太陽からの放射に含まれる紫外線が酸素と

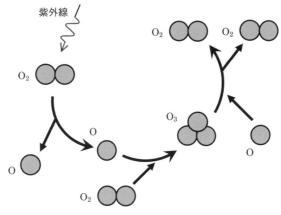

図 14.6 オゾン生成の模式図
紫外線によって酸素分子が分解され、オゾンが合成される。

反応するようになる。紫外線は酸素分子を酸素原子に分解し、生成された酸素原子が他の酸素分子と結びついてオゾン分子(O_3)を生成する。一方で、オゾン分子が酸素原子と反応すると2個の酸素分子を生じる(図14.6)。

オゾンは紫外線を吸収する性質をもつ。生命体にとってエネルギーの高い紫外線はDNAに損傷を与えるために有害となる。そのため、オゾン層が形成される以前の生命体の存在領域は海中で、かつ紫外線の届かない比較的深いところに限定されていた。オゾン層の形成によって地表に到達する紫外線が少なくなったことで生命体の存在領域が海面近くまで拡大し、より強い太陽光を利用してさらに光合成を進め、大気中の酸素濃度を高めていくことになった。

およそ5億年前になると、大気中の酸素濃度とオゾン層の状況は現在とほぼ同程度になり、生物が陸上へと進出してくる。陸上は海中とは異なり、乾燥に耐えなければならないなど生物にとって過酷な環境となるが、進化の過程でさまざまなしくみを獲得し、活動の範囲を広げてきたと考えられている。

オゾン層が紫外線を吸収することで地球上の生物が繁栄してきたが、現在の人間活動によってオゾン層が破壊されているのは報道されているとおりである。1970年代にクロロフルオロカーボン類(フロン)によるオゾン層破壊が指摘された。フロンは上空40kmの成層圏まで到達すると、太陽からの紫外線によって分解され、塩素を生じる。この塩素がオゾンと反応すると、酸素分子と一酸化塩素を形成する。さらに生成された一酸化塩素は、前述のオゾン形成過程で生じた酸素原子と反応し、酸素分子と塩素原子が形成される(図14.7)。このように上空で塩素原子が生成されると、塩素原子が触媒となって次々とオゾンを分解し、結果的にオゾン層を破壊していく。オゾン層を分解する物質はフロン類に限らず、火災での消火剤として利用された臭素化合物であるハロンも該当することが知られている。

特に南極上空でのオゾン層破壊が著しく、1982年にオゾン量が極端に少なく

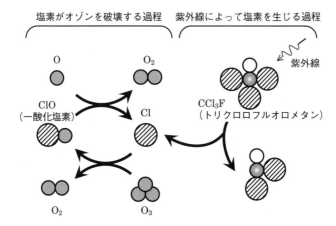

図 14.7 オゾン層破壊のメカニズム
紫外線によってフロン類から塩素が生じると，塩素原子が触媒としてはたらき，次々とオゾンを破壊していく。

なっているオゾンホールが日本の観測隊によって確認された。大気の低い領域でも塩素ガスの発生する条件が揃い，オゾン層の破壊が進む。南極では極渦と呼ばれる極地に特有な低温の渦が発生し，特殊な雲が発生することが知られている。この雲の粒子の表面で硝酸塩素と塩化水素の化学反応によって塩素ガスが発生する。春になって紫外線量が増加すると，塩素ガスから分解された塩素原子がオゾン層を破壊することが明らかになっている。図 14.8 には全球および緯度帯ごとの観測衛星によるオゾン全量の経年変化を示している。オゾン全量はドブソン単位(DU)が使用され，地表から大気上端までの鉛直気柱に含まれるすべてのオゾンを積算した量である[3]。

地球上空のオゾン層は，前述のとおり酸素分子から紫外線によって生成され，オゾンが再び酸素分子に分解されるという反応がつり合った状況で安定的に存在できる。フロン類によってオゾンが破壊されると，このつり合いが崩れ，オゾン層は安定的に存在できなくなってしまう。現在では，フロン類の生産や消費が国際的な取り組み[4]によって規制され，日本では 2001 年から法規制によってエアコンや冷蔵庫に使用されているフロン類の回収が義務付けられるようになった。これらの規制によって，オゾン層の回復が進んでおり，オゾン層の破壊が顕著になる前の 1980 年の状態に戻るのは，南極では 2066 年ごろ，北緯 60 度から南緯 60 度の全体の平均では 2040 年ごろと推測されている。

[3] 地球全体の典型的なオゾン全量は 300 DU であり，厚さにすると 3 mm である。なお，同じように大気全体の厚さを計算すると 8 km になる。

[4] ウィーン条約(1985年)・モントリオール議定書(1987年)

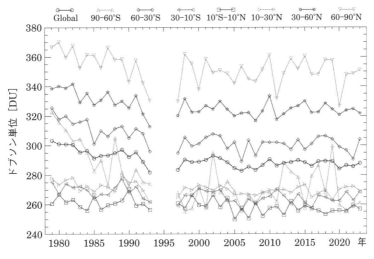

図14.8 全球および緯度帯ごとに年平均したオゾン量

オゾン量はドブソン単位(DU)で示している。1994-1996年は欠測のため，グラフに含まれていない。NASA Ozone Watch [P. Newman (NASA), E. Nash (SSAI), R. McPeters (NASA), S. Pawson (NASA)]によるグラフを改変。

14.4.4 生物の繁栄と絶滅

緑色植物の光合成により大気中に放出された大量の酸素と，その酸素と太陽からの紫外線との光化学反応により生じたオゾンによって陸上での生物の繁栄がもたらされた。その一方で，これまで地球の生命に絶滅の危機が何度となく訪れ，その度に生き残った生物の進化によってさらに豊かな生物種を生み出してきた(図14.9)。

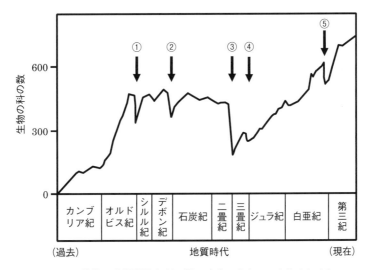

図14.9 生物の分類学的な科の数の変化 矢印は五大絶滅を示す。

(Sepkoski Jr., JJ. 1981. A factor analytic description of the Phanerozoic marine fossil record. Paleobiology. 7, 36-53 を参考に作成)

現在のところ地球の生命の大量絶滅は少なくとも5回存在したと考えられており，以下の時期に起こっている。（　）内は生物の属の絶滅率を示す。

① 4億4,370万年前（57%）
② 3億6,700万年前（50%）
③ 2億5,100万年前（84%）
④ 1億9,960万年前（47%）
⑤ 6,550万年前（47%）

よく知られている恐竜の絶滅は6,550万年前に起こったものである。これは現在のユカタン半島付近での隕石の衝突による大規模な火災で生じた煙の粒子が太陽光を遮断した結果，地球環境が一変したことが絶滅の原因とされる。他の大量絶滅では激しい火山活動による太陽光の遮断などが原因であると考えられているが，明らかになっていない点も多い。

14.5 生命は地球以外にも存在するのだろうか？

生命が地球以外の惑星に存在するかどうかは，昔から高い関心をもたれ，積極的に研究・探査活動が進められている。どのようなところに生命体の存在可能性があるだろうか。

14.5.1 ハビタブルゾーンの生命存在の可能性

ハビタブル（habitable）とは，「生命体が存在可能な」という意味で，このような宇宙空間での領域には生命体が存在する，あるいは生命が存在した痕跡があるのではないかとして探査が進められている。

地球には誕生からおよそ10億年で最初の生命体が出現し，さらに36億年をかけて知的生命体が誕生した。生命体の進化が普遍的なことであるとすれば，それだけの時間にわたって安定に存在している惑星でなければ生命体は存在しないことになる。この条件から，惑星が軌道運動する恒星は，スペクトル分類[5]で主系列にあるG型，K型，あるいは暗いM型の恒星が有望であると推測できる。さらに，惑星はH_2Oが液体の水として存在できる温度でなければならない。これは，生命体にはさまざまな物質を溶媒として溶かし込む水が必要であると考えるためである。太陽系のハビタブルゾーンは，金星の外側から火星の内側までの領域となる（図14.10）。

かつて，火星表面の観測から，火星には高等生物が存在すると主張した天文学者もいた。現在では火星人がいるなどということを信じている人はいないだろう。しかし，最近の研究では，火星の表面には水が川となって流れたことを示す地形や，水の作用で生成される鉱物の存在が，火星の周回衛星や探査車による観測によって確認されており，40〜35億年前には水が安定的に存在していた可能性がある。この頃の地球は生命体が誕生した頃と考えられることから，

[5] 恒星が放射する光の特徴に基づいた分類法で，恒星の表面温度に対応している。太陽はG型の主系列星である。

14.5 生命は地球以外にも存在するのだろうか？　　　　　　　　　　　　　　　163

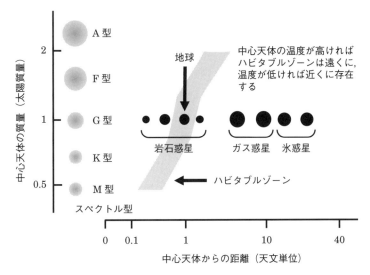

図 14.10　ハビタブルゾーンの模式図
中心の恒星の温度が高くなれば，ハビタブルゾーンは遠いところに移動することになる。太陽系外惑星での生命体探査は，このハビタブルゾーンにある天体をターゲットにしている。

　生命体誕生が地球にのみ生じたことなのか，あるいは火星にも生命体が存在していた（または現在も存在している）のかが調べられている。現在のところ，火星に明確な生命体の痕跡は確認されていないが，今後の各国の火星探査計画の実行により，新たな知見がもたらされる可能性がある。
　太陽系には，上に示したハビタブルゾーン以外にも，生命の存在する可能性のある天体が指摘されている。その場所とは，木星の衛星エウロパ，土星の衛星タイタンとエンセラダスであり，太陽からは非常に弱い赤外線しか届かないため，地球とは異なる理由で H_2O が液体となっている。エウロパとエンセラダスは，惑星周囲を軌道運動するときに惑星の重力によって生じる強力な潮汐力[6]を受けることで衛星内部の岩石や氷が押し曲げられて熱を生じ，地表下に氷が液体の水になって存在すると考えられる。
　また，タイタンに関してはNASAの探査衛星カッシーニによって詳細な観測データが得られている。現在のところ地球以外に唯一，液体が天体表面で安定的に存在している天体とされているが，この液体は H_2O ではなく，メタンとエタンからなるものである。タイタンの環境には，地球の水循環と似た，メタンが全球を循環するしくみがあることも知られており，大気中の窒素とメタンが紫外線による光化学反応から有機化合物が形成されていることも明らかになった。これらの有機化合物はメタンの湖や海に溶け込んでいるらしい。まるで地球で生命体が誕生したときの環境に似ているが，タイタンの表面に存在する液体がメタンであることから，生命体が存在したとしても地球上の生命体とは異なるしくみであると考えられている。エウロパやエンセラダスと同様に，タイタンにも地表下に水が大量に存在することも指摘されている。

[6] 衛星表面で惑星に近い場所では惑星による重力が強くはたらき，遠い場所では弱くはたらく。すると衛星は惑星の方向に引き伸ばされ，衛星を変形させる。また，惑星を公転する衛星の軌道は正円ではなく，衛星の軌道運動中にも惑星との距離が変化するため，潮汐力の大きさが変化することによって衛星を変形させることになる。

14章　演習問題

14.1　真正細菌と古細菌について，細胞を構成する化学物質にどのような違いがあるかを調べて，説明しよう。

14.2　真核生物の細胞内には細胞小器官であるミトコンドリアが存在し，細胞のエネルギー産生を担っている。通常の遺伝子は父方と母方から受け継がれるが，ミトコンドリアは独自の遺伝子をもつ。それはなぜか，説明しよう。このことを利用して，アフリカで誕生した人類がどのように世界中に広がっていったかを解析する研究が行われているが，それはどのようなものかを調べてみよう。

14.3　地球の長い歴史の中で生物大量絶滅が複数回にわたって起こったことが明らかになっているが，これらの大量絶滅の発生原因としてどのようなことが考えられているか，調べて説明しよう。

14.4　地球上の生物は有機物で構成され，遺伝情報はDNAによって伝えられている。地球外に生命体が存在しているとしたとき，生命体はどのような物質で構成されると考えられるだろうか。

15. 私たちはどのように生きていくべきか？

　この章では，SDGs（Sustainable Development Goals）を特に意識しながら考えよう。SDGsを誰もが理解しやすい言葉で説明すると，「私たちがこの地球に住み続けていくために達成すべき目標」であろうか。このことを一人一人が考え，実行することが求められている（図15.1）。

15.1 地球の環境変化は温暖化のせいなのか？

　近年の日本の夏は全国的に猛暑となり，さらにいくつかの地域では線状降水帯が発生して洪水の被害を受けた。世界に目を向ければ，東南アジアでも気温の高い日が続き，水不足になった地域がある。欧州の一部や中南米にも熱波が襲来し，一部地域では例年にない降水量を観測した。日本の尋常ではない暑さの中で，「異常気象」という言葉がニュースで伝えられ，地球温暖化との関連が話題になった。近年の夏の猛暑は地球温暖化の影響と言えるのだろうか。

　地球温暖化に関する知識は学校教育でも取り組まれ，多くの人々が身につけ

図15.1　SDGsで定められた17のゴール（目標）

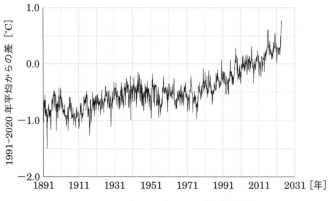

図 15.2　世界の月平均気温偏差の経年変化

基準となる気温は 1991 年-2020 年の 30 年間の平均気温である。
(気象庁「世界の月平均気温偏差(℃)」で公開されているデータより作成)

ている。世界の年平均気温は変動を繰り返しながら上昇し，その上昇率は 100 年あたり 0.74 ℃である。気象庁のデータから，地球上のほとんどの地域で気温は上昇しており，特に北半球高緯度域で明瞭に示されている。その原因として人間活動に起因する「地球温暖化ガス」の大気中への放出が示されている。

ただし，地球気温の上昇は人間活動による二酸化炭素など温室効果ガスの大気中への排出に，数年から数十年ほどの自然変動が重なった結果と考えられている。温室効果ガスはこのような悪影響を及ぼす面があるが，地球表面の温度を一定に保つという重要な役割もある。太陽系の惑星の中で水星や火星の昼と夜の表面温度が大きく異なるのは，大気が非常に希薄で温室効果が起こっていないためである。逆に，温室効果が進みすぎている例としてあげられる金星は，昼夜の温度差がほとんどなく，460 ℃ほどを保っている。

太陽から地球に到達するエネルギーのおよそ 50％が地表に吸収される。このエネルギーは地表面から赤外線として大気中に放射されるが，地球大気の存在のために宇宙空間にそのまま放射されず，地表から放出されたエネルギーの

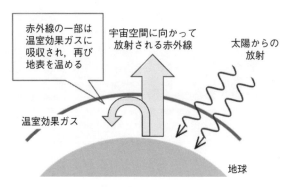

図 15.3　温室効果ガスのはたらきを示す模式図

15.1 地球の環境変化は温暖化のせいなのか？

表 15.1　主要な温室効果ガスの種類と地球温暖化係数

地球温暖化対策推進法における規制ガス		主要な排出源	地球温暖化係数
二酸化炭素	CO_2	化石燃料の燃焼，セメント製造など	1
メタン	CH_4	農畜産業，廃棄物の埋立等	25
一酸化炭素	N_2O	農業用地での肥料，家畜排泄物，工業プロセス，化石燃料の燃焼等	298
六フッ化硫黄	SF_6	電気絶縁ガス使用機器等	22800
パーフルオロカーボン	PFC_5	半導体製造，金属洗浄の溶剤等	7390〜17340
ハイドロフルオロカーボン	HFC_5	冷蔵庫，エアコンの冷媒等	12〜14800
三フッ化窒素	NF_3	フッ化物製造での排出等	17200

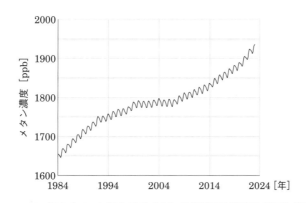

図 15.4　1984 年から 2022 年までのメタンの世界平均濃度の月平均値の変化

メタン濃度は季節変化を示し，2000 年代前半に濃度上昇が抑制されていたが，再び増加に転じている。

(温室効果ガス世界資料センター(WDCGG)のデータをもとに作成)

およそ 40 %が大気から地表に向けて逆放射され，地表を暖めている(図 15.3)。大気中の水蒸気，二酸化炭素，メタンなどが温室効果ガスとしてはたらくが，フロン類も非常に高い温室効果をもち，地球環境に大きな影響を及ぼす。人為的に排出される主要な温室効果ガスの種類と地球温暖化係数を表 15.1 に示す。

表 15.1 の規制ガスで，メタンも温暖化係数が高い物質であり，二酸化炭素と同様にメタンの削減も国際的に喫緊の課題となっている。メタンの排出原因としては，石炭の採掘やごみの埋め立て地から放出されるほか，家畜生産の現場からも放出される。図 15.4 に 1984 年から 2022 年までのメタンの世界平均濃度の月平均値の変化を示した。2022 年の第 27 回国連気候変動枠組条約締約国会議(COP27)では，メタン放出を抑制するために「大豆などで作られた代替肉の市場拡大」が行動計画に盛り込まれるほどである。家畜のウシなどの反芻動物が食物を消化するとき，胃の中の細菌のはたらきでメタンが生成され，ウシ 1 頭から 1 日あたり 200〜600 L のメタンが放出される。温暖化対策を進めるために発展途上国で畜産業の拡大を抑制すると，先進国との格差が縮まらない

可能性があるため，どの国でも実効的に取り組むことのできる方策が求められ，いろいろな研究が進んでいる。たとえば，飼料に「カギケノリ」という海藻を混ぜると，ウシの胃の中のメタン生成細菌を抑制し，メタン放出量を最大で 98% 抑制することが研究によって明らかになり，カギケノリを安定的に供給するための研究が進められている。他にも，カシューナッツやアマニ油など，メタンガスの発生を抑えられるものが発見され，それらを飼料に混ぜて飼育する研究が進められている。

二酸化炭素の排出を削減するために，先進各国では化石燃料の使用を制限するなどの目標が政策に掲げられている。2021 年の COP26 では，気温が上昇するほど異常気象の頻発などの悪影響が増加することから，産業革命前からの気温上昇を 1.5℃ とする目標で合意した。日本は 2030 年末までに 2013 年度に比べて温室効果ガスを 46% 削減することが目標となっている。

ニュースなどで取り上げられているとおり，温室効果ガスの排出削減は喫緊の課題として取り組まれているが，その成果はすぐに現れるものではないため，多くの人にとって実感を伴わないかもしれない。温室効果ガスのうち，たとえば二酸化炭素であれば海洋や陸域と交換が起こり，他の物質では大気中の反応性の高い物質との化学反応を通じて変化していく。温室効果ガスの排出をこの瞬間に停止したとすれば，メタンは約 50 年，一酸化二窒素は数世紀をかけて工業化以前の水準に戻るが，二酸化炭素は工業化以前の水準に戻ることはないとされる。さらに，これらの物質の大気中の存在量が減少したとしても，すぐに気候に反映されるわけではなく，二酸化炭素の排出量の削減が実現してもなお，数世紀にわたって同程度の温度は維持される。このように，温室効果ガス削減の成果を速やかに実感できることはないが，早急に対策を行わなければ手遅れになる。

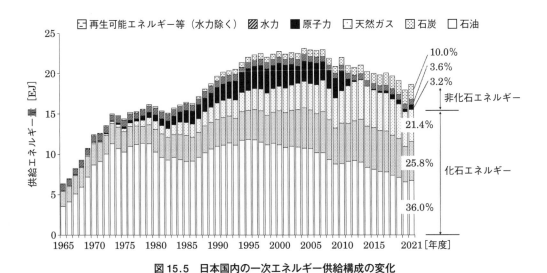

図 15.5　日本国内の一次エネルギー供給構成の変化

(経済産業省資源エネルギー庁発行『エネルギー白書 (2023)』「一次エネルギー国内供給の推移」のデータをもとに作成)

15.1 地球の環境変化は温暖化のせいなのか？

　温室効果ガスの削減のために，発電時に二酸化炭素を排出しない原子力発電や，自然界に常に存在するエネルギーである太陽光や風力，地熱などの再生可能エネルギーの活用が有望視され，積極的に研究や技術開発が行われている。日本における一次エネルギー供給構成の変遷を図15.5に示した。石油・石炭・天然ガスを用いた火力発電や原子力発電は安定的に電力を供給できる一方で，再生可能エネルギーは安定的に電力を供給できない可能性があること，また発電コストが高いという課題がある。これらの課題に対しては，効率の良い発電装置の開発，蓄電池の革新的な技術開発によって安定的な電力供給の実現に向けての努力や普及によって，発電コストも低くなっていくと考えられる。

　温室効果ガスの削減に貢献できるとされる原子力発電は，2011年3月の東北地方太平洋沖地震で，東京電力福島第一原子力発電所で炉心を冷却するためのポンプに電力を供給できなくなり，炉心溶融が生じるという事故が発生した。この事故で放射性物質の漏洩を生じ，国際原子力事象評価尺度でレベル7[1]の原子力事故に発展したことから，国内のすべての原子力発電所の運転を止め，原子力発電所の設計段階で想定されていなかった重大事故への対策が新たに求められ，この新たな規制基準に適合しなければ運転できないこととなった。このために原子力発電による電力供給の比率は低下し，日本の化石エネルギーの依存度は88.9％と主要国でも高い水準にある（図15.6）。

　どのようなエネルギーで電力需要を賄うかは，エネルギー資源の大部分を輸入に頼っている日本ではエネルギーセキュリティーの側面から，また再生可能

[1] レベル7は最悪の事象とされ，このレベルに分類されたものにチェルノブイリ発電所の爆発事故がある。

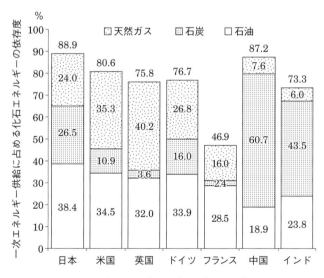

図15.6　主要国の化石エネルギーへの依存度

原子力による発電比率の高いフランス，再生可能エネルギーの導入を積極的に進めているドイツなどと比べると，日本は高い水準にある。
（経済産業省資源エネルギー庁発行『エネルギー白書(2023)』「主要国の化石エネルギー依存度(2020年)」のデータをもとに作成）

エネルギー活用に関する技術開発への支援を充実させるためにも，政策によって明確化する必要がある。どのような発電方法を組み合わせて必要とする電力を供給するかは**エネルギーミックス**と呼ばれ，日本政府が策定している2030年度のエネルギーミックスの目標値は以下のようになっている。

- 再生可能エネルギー：36〜38%
  （太陽光14〜16%，風力5%，地熱1%，水力11%，バイオマス5%）
- 水素・アンモニア：　　　1%
- 原子力：　　　　　　　20〜22%
- 天然ガス：　　　　　　20%
- 石炭：　　　　　　　　19%
- 石油等：　　　　　　　2%

エネルギーミックスにおける原子力発電の比率を高めることについては，さまざまな意見があるが，現時点で未解決な重要な課題があり，すべての人々が考えなければならない問題である。

15.2　エネルギー源としての原子力の位置付け

日本のエネルギー政策として，温室効果ガスの削減のため，化石燃料に依存した発電方法から原子力に重点をおいた発電方法を目指していることを前節で述べた。東京電力福島第一原子力発電所の事故を契機に，原子力利用に関して規制を設ける行政機関である原子力規制委員会によって，各地の原子力発電所での火山噴火や地震・津波など自然災害へのリスクに備えるために新たな設計基準が強化された。また，炉心の損傷や格納容器の破損，放射性物質拡散の抑制などのシビアアクシデントへの対策が新設されている。これらの安全性を担保するための基準は**規制基準**と呼ばれるが，新しい規制基準は既存の原子力発電所にも適用されることになっており，対応が完了した原子力発電所から順次審査を受け，合格した原子力発電所から再稼働されている。

過去に生じた自然災害が記録されていれば，そのような記録をもとに保守的に基準を設けることが可能であるが，過去の自然災害の状況が地層中に確実に保存されているとは限らないため，規制基準が妥当なものであるかどうかは常に検証されるべきである。

また，原子力発電には「高レベル放射性廃棄物の処分問題」という，他の発電方法にはない課題を抱えている。非常に奇妙に感じることではあるが，原子力発電が導入されたとき，発電後に生じる高い放射線量をもつ廃棄物の処分方法や処分地について具体的な議論が行われなかった。これは日本に限ったことではなく，世界的にも高レベル放射性廃棄物処分地が決定されているのは2023年12月現在でフィンランド・スウェーデン・フランス・米国[2]の4カ国で，このうち実際に処分場建設が始まっているのはフィンランドのみである。

2) ただし，米国は2024年8月現在で許認可手続きが中断している。

15.2.1 高レベル放射性廃棄物とは

原子力発電所で使用済みとなった核燃料棒は非常に強い放射線量をもち，人間が近づくことのできる放射線量まで低下するにはおよそ数万〜10万年の時間を必要とする。**核のゴミ**とも呼ばれる「高レベル放射性廃棄物」は，地下深くに建設される処分場へ運ばれ半永久的に保管する。これを**地層処分**といい，地下深部（300 m以深）が地球の環境中で最も安定性の高い場所であるとして科学的に検討された。地下深部は酸素が少なく，物質の化学的な変化が起こりにくいこと，また物質の移動が非常に遅いこと，さらに人間の生活環境から遠く離れていることなどのメリットがある。

フィンランドや米国では使用済核燃料をそのまま地下に処分する計画だが，日本では原子力発電で生じた使用済核燃料から，利用可能なウランやプルトニウムを取り出し（再処理），これらを核燃料として再利用する**核燃料サイクル**を推進する方針としている（図15.7）。この場合，再処理工場で生じる放射線量の高い廃液が高レベル放射性廃棄物となる。

再処理工場は青森県六ヶ所村に建設が行われており，運営主体である日本原燃株式会社は1997年の完成を予定していたが，さまざまなトラブルや規制基準の変更などにより完成が遅れ，2024年8月現在で完成時期を2026年度としている。この工場で回収されたプルトニウムとウラン238を混ぜてMOX燃料[3]へと加工し，新たに核燃料として利用することで核燃料のサイクルを回す。海外で加工されたMOX燃料がすでに日本国内数ヵ所の原子力発電所で使用さ

[3] 使用済み核燃料には，まだ利用できるウランやプルトニウムが残っている。MOX燃料には，これらを再処理の過程で化学的に処理して抽出したものが利用される。MOX燃料は4〜9%のプルトニウムを含んでいる。

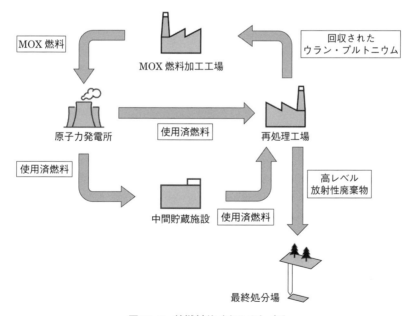

図15.7 核燃料サイクルのしくみ

核燃料サイクルを行うことにより，使用済核燃料をそのまま処分する場合に比べて高レベル放射性廃棄物の総量を1/4にすることが可能であるとされている。

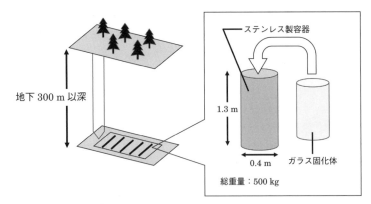

図 15.8　高レベル放射性廃棄物の最終処分場（左）と，処分状に埋設されるガラス固化体を収容したステンレス容器

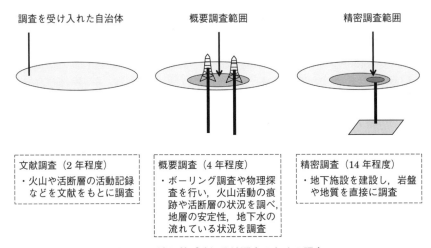

図 15.9　法に基づく処分地選定のための調査

れており，今後も MOX 燃料を利用する発電所が増加する見込みである。

　再処理の工程で生じた廃液には，非常に高いレベルの放射能をもつ物質が含まれている。この廃液をガラスに溶かし込んで固める（ガラス固化体）ことで高レベル放射性物質を封じ込める。ガラス固化体をさらにステンレス製の容器でパッキングしたものを，人間の生活環境から隔離された地下 300 m 以深に建設した最終処分場に 10 万年以上にわたって保管する（図 15.8）。

　最終処分地の決定までには，実施主体である原子力発電環境整備機構（NUMO）で慎重な科学的調査（図 15.9）を行うことが法によって定められている。この調査期間は全体で約 30 年を必要とし，2024 年 8 月時点で北海道の寿都町と神恵内村，佐賀県の玄海町で文献調査が行われている。

　最終処分場の建設は，今後 10 万年という非常に長い期間にわたって人間が接触できない環境をつくり出す。すでに生じている使用済核燃料が存在する以上，廃棄物処理は避けられないが，原子力発電が行われてから長い間，この問

題には手をつけられていなかった。再処理工場完成の度重なる延期により，2023 年現在で原子力発電所に保管されている使用済核燃料は管理容量上限の80％に達している。ある科学技術が存在し，実社会に取り入れるときには，さまざまな面から見通しを立て，課題となる点を解決する方策を決めておかなければならないことが，この原子力発電を取り巻く課題から明らかである。

15.3 再生可能エネルギーの活用

日本の 2030 年度のエネルギーミックスの目標値では，再生可能エネルギー[3]が 36～38％を占めており，SDGs の観点からも再生可能エネルギーが注目されている。石油や石炭・天然ガスの化石燃料は，太古の地球に生存していた動植物の死骸が堆積し，長期間に及ぶ熱化学的な変性によって生じたものであり，生命体を構成していた有機化合物の炭素が地層中に保存されていたものである。化石燃料は有限な資源であるほか，地球上に偏在しているという特徴もある。再生可能エネルギーは「枯渇しない」「どこにでも存在する」「CO_2 を増加させない」を特徴とし，具体的には太陽光，風力，水力，地熱などがあげられる。ただし，前述のとおり，安定性やコスト面が課題とされる。

再生可能エネルギーの比率を高めることは，エネルギー自給率を高める点でも重要である。日本にとっていずれの化石燃料も自給率は低く，原産国での紛争や輸送経路での問題などが生じると，エネルギー源を安定的に確保することができなくなるという問題を抱えている。国内では法に基づいて石油の備蓄が確保[4]されているものの，多様なエネルギー源によってエネルギーを安定的に供給することは非常に重要である。

再生可能エネルギーの活用のうち，日本の太陽光発電は導入容量で中国・米国に次ぐ世界第 3 位で，全世界での導入量の 11％を占めている。太陽光のエネルギーを直接電気エネルギーへと変換する太陽電池が量産されるようになり，国内での太陽光発電は 2012 年から運用された FIT 制度[5]によって，その後 10 年の間で設備容量が 12 倍になったという実情もある。太陽光は地上のどのような場所でも利用可能であり，日照時間の長い地域を中心に大規模な太陽光発電所が設置されてきた。

現在広く普及している太陽電池はシリコン系太陽電池と化合物系太陽電池に大別され，さらに有機系太陽電池などが開発中で，それぞれに特徴があり，利用環境に応じて活用されている。住宅に設置されている太陽電池はシリコン系太陽電池であり，人工衛星や宇宙ステーションには化合物系太陽電池が使われている。これらの太陽電池は壊れにくい上に変換効率が高いというメリットがある一方で，製造コストが高いというデメリットがある。

日本の研究機関を中心に開発されている太陽電池にペロブスカイト太陽電池があり，この太陽電池は変換効率が高いうえ，フィルムなどの基盤に溶液を塗布して作成するために製造コストを下げることができるほか，フレキシブルな

[3] 日本で再生可能エネルギーは「エネルギー供給事業者による非化石エネルギー源の利用および化石エネルギー原料の有効な利用の促進に関する法律」と「同施行令」によって定義され，具体的な種類も規定されている。

[4] 「石油の備蓄の確保等に関する法律」に基づき，国家備蓄として約 130 日分，民間備蓄として約 80 日分の消費量となる石油が備蓄されている。

[5] 太陽光で発電した電気を電力会社が一定価格で一定期間（この制度では 10 年間）買い取ることを国が保証した制度。

形状を実現でき，いろいろなところで発電できるというメリットが期待されている。現時点では耐久性などを解決するための研究が進められている。

15.4 科学技術とリスク

この章で取り上げた原子力を利用した原子力発電に限らず，どのような科学技術の実用化にもリスクが伴う。完全に安全な技術というものは存在しないため，想定されるリスクを考慮した上で，どの程度のリスクであれば許容できるかを考えなければならない。もちろん，技術の進展によってこれらのリスクを低下させることも可能であるが，リスクをゼロにすることはできない。私たちがどれだけのリスクを許容できるかについて，これまで国民の間での議論はほとんど行われていない。科学技術をどのように私たちの生活に活用するかを考えるのは，科学者や技術者のみが決めることではなく，国民全体の議論が必要であると考える。

15章　演習問題

15.1　地球温暖化とは，地球の平均気温が上昇していくことであるが，その結果生じる気象現象は極端な気温の上昇や豪雨だけではない。どのような気象現象が生じると指摘されているのかを調べ，説明しよう。

15.2　太陽光や風力をはじめとする再生可能エネルギーによる電源供給は，安定性に課題があると指摘されている。これらの課題に対して，どのような対策が研究されているかを調べ，説明しよう。

15.3　原子力発電を利用している国々は，発電で生じた使用済み核燃料について，そのまま地下処分する方針をとる国と，再処理を行って処分する国に大別される。この2通りの処分のメリットとデメリットを調べ，説明しよう。

15.4　日本での放射性廃棄物の適正な処分を実現するため，経済産業省は「科学的特性マップ」を示している（資源エネルギー庁ウェブサイトを参照のこと）。この科学的特性マップを実際に閲覧し，どのような場所が高レベル放射性廃棄物の地下処分場の建設に適している，あるいは適していないと考えられるのか，説明しよう。また，現時点で調査が行われている自治体は，どのような課題を抱えているかを調べてみよう。

参 考 資 料

【書　籍】

■ 物理学全般の参考書

細谷暁夫著『物理の基礎的 13 の法則』丸善（2017 年）

リチャード ファインマン，マイケル ゴットリーブ，ラルフ レイトン著・戸田盛和，川島 協訳『ファインマン流　物理がわかるコツ』岩波書店（2015 年）

田口善弘著『学び直し高校物理』講談社（2024 年）

■ 地球物理や地球環境に関係した参考書

西山忠男，吉田茂生共編『新しい地球惑星科学』培風館（2019 年）

山﨑友紀著『地球環境学入門 第 3 版』講談社（2020 年）

国立天文台編纂『理科年表』丸善出版（毎年刊行され，自然科学の幅広い領域のデータブック）

■ 天文学や宇宙物理学に関係した参考書

マイク シーズ，ダナ バックマン著・有本信雄訳『最新天文百科』丸善（2010 年）

福江 純，沢 武文編『超・宇宙を解く』恒星社厚生閣（2014 年）

福江 純，沢 武文，高橋真聡編『極・宇宙を解く』恒星社厚生閣（2020 年）

日本天文学会創立 100 周年記念出版事業として 2007 年から刊行中の「シリーズ　現代の天文学」日本評論社(全 18 巻)は，天文学のあらゆる領域を網羅した教科書となっている。

サンダー バイス著・寺嶋英志訳『宇宙がわかる 17 の方程式：現代物理学入門』青土社（2006 年）

■ 相対性理論に関係した参考書

アルバート アインシュタイン著・金子 務訳『特殊および一般相対性理論について』白揚社（2004 年）

石井健全著『一般相対性理論を一歩一歩数式で理解する』ベレ出版（2017 年）

■ 素粒子物理学に関係した参考書

清水　明著『新版 量子論の基礎』サイエンス社（2004 年）

ベン スティル著・藤田貢崇訳『ブロックで学ぶ素粒子の世界』白揚社（2020 年）

アニル アナンサスワーミー著・藤田貢崇訳『二重スリット実験』白揚社（2021 年）

藤田貢崇著『ミクロの窓から宇宙を探る』NHK 出版（2017 年）

■ **生物学に関係した参考書**

栃内 新，左巻健男編著『新しい生物学の教科書』講談社（2006 年）

■ **自然科学全般の参考書**

ポール パーソンズ著・古谷美央訳『サイエンスペディア 1000』ディスカ
ヴァー・トゥエンティワン（2015 年）

ジェイムズ トレフィル著・家 泰弘，川村順子訳『自然のしくみ百科 宇宙から
DNA まで』丸善（2007 年）

■ **現代科学と社会のさまざまな課題を考えるための参考書**

伊勢田哲治，戸田山和久，調麻佐志，村山祐子編『科学技術をよく考える』名
古屋大学出版会（2013 年）

Nature ダイジェスト（月刊誌）シュプリンガーネイチャー・ジャパン

【インターネットサイト】

■ **天文学の用語に関して**

「天文学辞典」（https://astro-dic.jp）日本天文学会

■ **気象や気候・各種データに関して**

「気象庁ホームページ」（https://www.jma.go.jp/jma/index.html）

■ **天体観測衛星に関して**

"HUBBLESITE"（https://hubblesite.org）Space Telescope Science Institute /
NASA

"ESA/Hubble"（https://esahubble.org）European Space Agency

"Voyager"（https://voyager.jpl.nasa.gov）Jet Propulsion Laboratory / NASA

■ **天体観測に役立てるために**

「今日のほしぞら」（https://eco.mtk.nao.ac.jp/cgi-bin/koyomi/skymap.cgi）国
立天文台暦計算室

「ほしぞら情報」（https://www.nao.ac.jp/astro/sky/）国立天文台

■ **エネルギー政策・統計に関して**

「経済産業省 資源エネルギー庁ホームページ」（https://www.enecho.meti.go.jp）

おわりに

　本書は，初学者の人たちに自然科学に興味や関心をもってもらうことを最大の目標に企画した。そのため，文系の大学生が一般教養で学ぶ「物理学」での授業内容とは少し趣が違っていたかもしれない。この本を手にした読者に自然科学への関心をもってもらうには，「なるほど」とか「そういうことだったのか」というような気持ちをもってもらわなければならないと，筆者は勝手に考えた。毎週の物理学の授業でも，受講生の関心を引くために，「今週の科学ニュース」の時間を設けて解説したり，受講生が疑問に感じている事柄を集め，その週の授業内容に直接の関係がなくても取り上げる時間を設けたり，昼休みに科学雑誌 Nature の内容を紹介するセミナーを開いたり，あの手この手で興味をもつような工夫を凝らしている。この本の内容は，それらが反映されたものでもある。

　「物理学は自然科学の基礎であり…」と，学校でよく言われたことであろう。自然科学の基礎であれば，どんなことを取り上げても物理学に結びつけられるはず，という考え方でこの本を構成した。地学・化学・生物学など，高等学校で学んださまざまな領域が含まれていることは「はじめに」でも示した。このような工夫のもとで，多くの人々が自然現象のしくみを考えたり，理屈を考えてみたりするようになって欲しいと願っている。

　大学の授業は，教科書に沿って進行することもあれば，あるいは受講者が事前に読んでおき，授業でさらに深い内容を扱う，という使い方をすることもあろう。この本は後者の使い方を念頭にしたものである。非常に基本的な内容のみを説明し，自然現象をイメージしやすいような文章にした。授業では受講者のレベルに合わせて，数式を使って法則が示されたり，いろいろな種類の演習問題が出されることもあるだろう。各章末にも問題は示しているが，これは記述式の回答を求めるものであり，自らさまざまな情報源にあたらなければ適切な回答ができないものにした。

　この本を読んで，さらに学んでみたいと思った読者のために，参考資料をつけているが，いわゆる「専門書」よりは「読み物」を中心に紹介している。本書の次に，読み物で内容を深掘りしてから，専門書へと進むのが初学者には適切ではないかと考えたためである。

　「物理学と聞くと数式が出てきたり，理論を理解しないといけなかったり，文系の（文系だった）自分には向かない」という人たちの声を聞くことがある。子

どもの頃，自然現象に対して「なぜだろう」「どうしてだろう」という疑問を抱いた経験は誰にでもあるだろう。その疑問を解決しなくても日常的に特段の不便を感じることはないし，「自然科学は理系の人が考えればいいさ」とやり過ごすこともできるかもしれない。本書を読み終えた後，改めて身の回りを見つめ返して欲しい。ペットボトルの形が飲料の種類によって違っていることも，缶コーヒーのリングプルの形が左右対称でないことも，そうなっている理由は科学の法則にある。そんなことをときどき考えるようになれば，地球温暖化を防ぐためにあなた自身ができることや，理想的なエネルギーミックスをあなた自身が深く考えられるようになっていることだろう。

　一人でも多くの読者が，日常の自然現象を科学する心で見つめ，持続可能な社会をつくりあげるために科学的なものの見方ができるようになって欲しいと願っている。

　本書の出版にあたっては，清水　洋先生（元九州大学大学院理学研究院付属地震火山観測研究センター長）に原稿の一部をご確認いただいた。また，三島　岬氏には図表の作成にご協力いただいた。さらに長澤彰彦氏，長澤慎太郎氏，小野凌平氏には原稿整理と校正作業にご協力いただいた。(株)培風館の斉藤　淳氏には，2019年から本書の企画をご提案いただき，非常に長い期間に渡ってサポートしていただいた。同じく近藤妙子氏には原稿を丁寧にお読みいただき，さまざまな提案をいただいた。多くの皆様の力添えによって出版できることに改めて深く感謝申し上げる。

藤田　貢崇

索　引

■ 数字・欧字

3 ドメイン説　154
Ia 型超新星　66, 146
II 型超新星　67
CNO サイクル　121
HR 図　147
pp1 分枝　120
pp2 分枝　120
P 波　12
S 波　12
TCA 回路　157
T タウリ型星　34

■ あ 行

亜熱帯高圧帯　18
暗黒エネルギー　148
インフレーション　111
渦巻銀河　74
宇宙ごみ　104
宇宙の暗黒時代　117
宇宙の距離はしご　144
宇宙の再電離　119
宇宙の大規模構造　82
宇宙の晴れ上がり　117
宇宙の標準灯台　66
宇宙マイクロ波背景放射　152
衛星　60
エッジワース・カイパーベルト天体　61
エネルギーミックス　170
オゾン層　17
親潮　21

■ か 行

外核　1, 2
海溝型地震　4
核燃料サイクル　171
核のゴミ　171
核分裂　31
核融合　31
火山性地震　4
可視光線　41
渦状腕　74
活断層　8
価電子　128
荷電レプトン　132
カルビン回路　157
寒流　20
貴ガス　129
気候　13
気象　13
規制基準　170
季節予報　14
輝線スペクトル　89
吸収スペクトル　89
球状星団　83
局所超銀河団　80
極偏東風　19
銀河　73
銀河円盤　74
銀河系　73
銀河団　78, 79
近日点　55
近接連星系　66
クォーク　115, 132
クォークモデル　132
グルーオン　134
黒潮　21

179

ケプラー回転　　51
ケプラーの法則　　61
圏界面　　17
原核生物　　155
原始星　　34
原子番号　　125
原始惑星　　53
原始惑星系円盤　　34
降水確率　　15
光電効果　　142
高密度天体　　65
ゴールデン・レコード　　102
国際宇宙ステーション　　98
黒体　　43, 94
黒体輻射　　94
降着円盤　　66, 70
古細菌　　154
古天文学　　38
コペンハーゲン解釈　　141
コリオリの力　　18
混合栄養生物　　157
コンパクトスター　　65

■ さ 行

最外殻電子　　128
散開星団　　83
シアノバクテリア　　157
ジェイムズ・ウェッブ宇宙望遠鏡　　29, 99
ジェット気流　　18
色素　　42
色調　　42
時空　　68
磁石星　　68
視線方向の速度　　90
質量数　　125
収束　　141
従属栄養生物　　156
収束型境界　　5
重力　　32, 115
重力収縮　　33
重力波　　68
縮退　　66

主系列星　　35
準惑星　　60
小惑星　　61
食連星　　145
進化　　32
真核生物　　155
震源断層　　8
真正細菌　　154
深層循環　　19
水素結合　　47
垂直応力　　8
数値予報　　26
スーパーローテーション　　56
スターバースト銀河　　77
スニヤエフ・ゼルドヴィッチ効果　　146
スペクトル線　　89
スペースデブリ　　104
星間塵　　33
星間物質　　33
星間分子雲　　33
成層圏　　16, 17
成層圏界面　　17
赤色巨星　　36
絶対等級　　67
セファイド変光星　　145
せん断応力　　7, 8
相対性理論　　109

■ た 行

大気圏　　17
対流圏　　16
対流圏界面　　17
対流層　　17
タウ粒子　　132
楕円銀河　　76
縦ずれ断層　　8
縦波　　12
タリー・フィッシャー関係　　145
断層　　7
暖流　　20
地殻　　1, 2
地球型惑星　　54

地層処分　171
地層累重の法則　7
地表地震断層　8
中間圏　16, 17
中性子星　38
超銀河団　78, 80
超新星爆発　38, 125
直下型地震　4
対馬暖流　22
強い力　134
天気　13
天候　13
電子殻　128
電磁気力　135
電離層　17
同位体　40, 126
独立栄養生物　156
閉じた宇宙　150
ドップラー効果　90, 91
ドブソン単位　160
トランスフォーム型境界　5
トリプルアルファ反応　122

■な　行─────────────

内核　1, 2
二重スリット実験　138
ニュートリノ　133
熱塩循環　19, 23
熱圏　16, 17
熱帯収束帯　18

■は　行─────────────

ハイゼンベルクの不確定性原理　140
破壊強度　8
白色矮星　36, 65
発散型境界　5
ハッブル宇宙望遠鏡　29, 97
ハッブル定数　92, 96
ハッブル分類　73
ハドレー循環　18
ハビタブル　162

ハビタブルゾーン　56
パルサー　39
バルジ　74
ハロー　74
伴銀河　76
半減期　128
反物質　133
光電離　17
光分解　37
ビッグクランチ　151
ヒッグス粒子　138
ビッグバン　113
ビッグフリーズ　151
ビッグリップ　150
表層混合層　19
開いた宇宙　150
ファーストスター　119
風成循環　19
フェルミ粒子　114, 132
ブラックホール　39, 70
プリズム　44
プレートテクトニクス　3
分化　2, 156
分光器　88
分子雲コア　33, 64
閉殻　129
平均変位速度　9
平坦な宇宙　150
平年値　14
ヘリオポーズ　102
変光星　144
偏西風　18
ボイジャー探査機　101
棒渦巻銀河　74
貿易風　18
崩壊　136
ボース粒子　114, 134, 137

■ま　行─────────────

マイケルソン－モーリーの実験　108
マグネター　68
マグマオーシャン　155

マルチバース宇宙論　112
マントル　1, 2
見かけの等級　67
脈動変光星　145
ミュー粒子　132
メインベルト小惑星　61

■ や 行

横ずれ断層　8
横波　12
弱い力　121, 136

■ ら・わ行

リマン海流　21
量子　138
量子ゆらぎ　112
臨界密度　150
レイリー散乱　45
レプトン　115, 132
連星系　39, 66
連続スペクトル　89
露点　15
惑星状星雲　36

著者紹介

藤田貢崇
ふじ た みつ たか

北海道教育大学教育学部卒,
北海道大学大学院理学研究科修了
法政大学経済学部教授　博士（理学）
Nature 日本語版翻訳者
NHK ラジオ「子ども科学電話相談」科学回答者

主要著訳書

137 億光年の宇宙論：天文学（朝日新聞出版, 2012 年）
ミクロの窓から宇宙をさぐる（NHK 出版, 2017 年）
物理学は世界をどこまで解明できるか
　　　（白揚社, マルセロ・グライサー 著, 2017 年）
ブロックで学ぶ素粒子の世界
　　　（白揚社, ベン・スティル 著, 2020 年）
二重スリット実験
　　　（白揚社, アニル・アナンサスワーミー 著, 2021 年）

© 藤田貢崇　2024

2024 年 11 月 25 日　初 版 発 行

「なぜ・どうして」から
はじめる物理学

著　者　藤　田　貢　崇
発行者　山　本　　格

発行所　株式会社　培　風　館

東京都千代田区九段南 4-3-12・郵便番号 102-8260
電　話 (03) 3262-5256（代表）・振　替 00140-7-44725

三美印刷・牧 製本

PRINTED IN JAPAN

ISBN 978-4-563-02544-1　C3042